负载氧化铜、氧化铈烟气脱硫

郁青春　张世超　王新东　杨　斌　著

U0351236

北　京

冶 金 工 业 出 版 社

2014

内 容 简 介

本书针对金属氧化铜、氧化铈烟气脱硫进行了研究，分析了 $\gamma\text{-Al}_2\text{O}_3$ 载体、活性组分负载量、烟气成分、温度等因素对吸附剂脱硫活性的影响，总结出负载氧化铜、氧化铈烟气脱硫前后吸附剂性质的变化规律和趋势，同时对研究过程中存在的问题及解决方法也提出了见解。

本书可供冶金、环境、化工等专业的工程技术和管理人员及高等学校相关专业师生参考。

图书在版编目（CIP）数据

负载氧化铜、氧化铈烟气脱硫/郁青春等著 . —北京：冶金工业出版社，2014. 2
ISBN 978-7-5024-6514-8

Ⅰ. ①负… Ⅱ. ①郁… Ⅲ. ①氧化铜—烟气脱硫—研究
②氧化铈—烟气脱硫—研究 Ⅳ. ①TF8 ②X701. 3

中国版本图书馆 CIP 数据核字（2014）第 025082 号

出 版 人 谭学余
地 址 北京北河沿大街嵩祝院北巷 39 号，邮编 100009
电 话 (010)64027926 电子信箱 yjcbs@ cnmip. com. cn
责任编辑 张熙莹 美术编辑 杨 帆 版式设计 孙跃红
责任校对 卿文春 责任印制 李玉山
ISBN 978-7-5024-6514-8
冶金工业出版社出版发行；各地新华书店经销；北京慧美印刷有限公司印刷
2014 年 2 月第 1 版，2014 年 2 月第 1 次印刷
169mm×239mm；9.5 印张；181 千字；138 页
32. 00 元

冶金工业出版社投稿电话：(010)64027932 投稿信箱：tougao@cnmip. com. cn
冶金工业出版社发行部 电话：(010)64044283 传真：(010)64027893
冶金书店 地址：北京东四西大街 46 号(100010) 电话：(010)65289081(兼传真)
（本书如有印装质量问题，本社发行部负责退换）

序

在我国社会走向现代化的过程中，化石燃料、工业生产、交通运输等方面的快速开发与使用，带来了大量的污染物，致使空气质量变差，严重影响了人们的身心健康和生态环境。《国家中长期科学和技术发展规划纲要（2006~2020年）》中明确提出建设"蓝天"工程，大力推进火力发电燃煤烟气、工业废气、机动车污染物、室内空气等净化技术与装备的研发及产业化，加快大气监测先进技术与仪器研发，积极发展温室气体减排与资源化技术及装备，把保护环境问题放在优先控制地位。

有色金属是现代国防的重要原材料，在国民经济与现代化建设中发挥着重要的作用，但是有色金属冶炼工业消耗大量的能源、资源，在生产过程中排放大量的污染物，如铜、铅、锌、钴、镍等有色金属，在生产过程中排放出大量含二氧化硫的烟气。随着原料成分、工艺设备的变动，二氧化硫浓度也发生改变。低浓度二氧化硫不适于直接制取硫酸，若不进行处理，会形成二氧化硫污染。我国在大气污染治理技术和设备的研制、开发、推广、使用等方面，做了不少工作，但与大气污染控制的目标还存在差距。"十二五"是我国推进工业转型升级、加快工业发展方式转变的关键时期，环境保护要求将更趋严格，开展烟气脱硫研究具有重要的现实意义。

二氧化硫既是造成空气污染的主要因素，同时又是一个宝贵的硫资源。我国是一个硫资源匮乏的国家，每年都要从国外进口大量的硫黄。由于技术经济原因，我国从油、气、煤中回收的硫黄在硫资源开发总量中所占比例较低。从世界主要发达国家的发展模式以及我国的基本国情来看，我国不可能选择资源发展模式或技术依附型的发展模式，必须提高硫资源回收利用的自主创新能力，大力发展高效节能、先进环保和循环应用等关键技术及装备，走出一条具有我国特色的硫资源回收利用的新途径。提高自主创新能力，关键还是原始创新，开展基础研究是加强原始创新的重要措施。

该书针对低浓度二氧化硫的回收利用，开展了可再生的负载氧化铜、氧化铈烟气脱硫基础研究。在查阅大量国内外氧化铜、氧化铈烟气脱硫资料的情况下，研究了负载氧化铜、氧化铈烟气脱硫活性、影响因素、反应动力学以及吸附剂的再生等方面的内容，发现烟气脱硫时间、活性组分负载量均对吸附剂脱硫活性具有影响，研究成果具有新颖性，同时也对负载氧化铜、氧化铈烟气脱硫研究过程中存在的一些问题以及产业化开发提出了具有建设性的意见。该书对金属氧化物烟气脱硫技术的开发具有指导意义，同时，也对从事烟气脱硫研究的科研和技术人员具有参考价值。

戴永年

2013 年 10 月

前　言

我国是以煤炭为主要能源的国家，煤炭产量居世界第一位。全国煤炭的消费中，占总量约80%的煤炭被直接燃烧，燃烧过程中排出大量的SO_2，给许多地区和城市造成严重的大气污染。燃煤排放的SO_2也会形成酸雨，对人体健康和建筑物、湖泊、生态环境造成极大的危害。燃煤烟气中的SO_2是我国最主要的SO_2污染源，其量大面广，治理任务艰巨。

目前国内外烟气脱硫主要采用的是湿式石灰/石灰石-石膏法烟气脱硫工艺流程，该方法的优点是技术成熟，运行可靠，吸收剂利用率高，脱硫效率可大于95%，在不同的烟气负荷及SO_2浓度下，脱硫系统仍可保持较高的脱硫效率及系统稳定性，脱硫剂石灰石易得，价格便宜；但也存在一些缺点，如系统比较复杂，投资及耗电量较高，设备易结垢和堵塞，设备部件容易磨损，脱硫过程中产生大量CO_2，脱硫产物石膏不易处理，形成一个新的污染源。SO_2既是污染环境的罪魁祸首，又是宝贵的硫资源。若在治理SO_2污染的同时能回收一部分硫资源，则是一举两得的事情。我国自行设计开发的烟气脱硫回收技术是氨法回收SO_2技术，如氨-硫铵肥法、氨-磷铵肥法等。前者主要用于硫酸工业，后者得到固体复合肥料，这两种方法共同特点是SO_2可资源化，将污染物SO_2回收成为高附加值的产品。

本书以金属氧化物CuO、CeO_2为活性组分，以γ-Al_2O_3为载体，对负载CuO、CeO_2烟气脱硫性能进行了研究。CuO、CeO_2在烟气脱硫过程中有不同的称谓，一种认为应该称为催化剂，从脱硫的机理上来看，CuO、CeO_2起到了催化氧化的作用，但根据催化剂的定义来看，似乎又不满足；另一种称谓是脱硫剂，但脱硫剂的概念太笼统，没有体现出 CuO、CeO_2 烟气脱硫的特点；也有人将其称为催化吸附剂或吸附剂。作者认为，活性组分 CuO、CeO_2 的称谓应该看其在应用中所起的主要作用是什么。一般来讲，催化过程中首先要发生吸附过程，转变成生成物后再发生脱附过程。烟气脱硫的主要目的是将 SO_2 固定在 CuO、CeO_2 上，而且主要发生在吸附剂 $CuO/\gamma\text{-}Al_2O_3$、$CeO_2/\gamma\text{-}Al_2O_3$ 的表层上，固定下来的 SO_2 尽量避免分解脱离，从这个特点来看，主要是利用其吸附的作用，称为吸附剂更贴切一些。CuO、CeO_2 作为吸附剂使用时，在吸附剂的制备、性质的研究方法、表征手段等方面，与其作为催化剂使用有相同之处，书中在介绍 CuO、CeO_2 烟气脱硫的一些特点时，也借鉴了催化剂的相关理论。

全书共分 7 章。第 1 章对国内外烟气脱硫的研究进行了综述，重点讲述了 CuO、CeO_2 作为活性组分的烟气脱硫研究进展；第 2 章介绍了活性组分 CuO 和 CeO_2 在 $\gamma\text{-}Al_2O_3$ 载体表面上的分散状况以及活性组分 CuO 和 CeO_2 与 $\gamma\text{-}Al_2O_3$ 载体之间的相互作用；第 3 章讲述了 $CuO/\gamma\text{-}Al_2O_3$、$CeO_2/\gamma\text{-}Al_2O_3$ 吸附剂烟气脱硫实验的研究方法、数据处理方法及实验的前期准备工作；第 4 章研究了气体浓度、反应温度、活性组分负载量、$\gamma\text{-}Al_2O_3$ 载体、助剂对 $CuO/\gamma\text{-}Al_2O_3$、$CeO_2/\gamma\text{-}Al_2O_3$ 吸附剂烟气脱硫的影响；第 5 章研究了 $CuO/\gamma\text{-}Al_2O_3$、$CeO_2/\gamma\text{-}Al_2O_3$ 吸附剂烟气脱硫的机理及动力学；第 6 章研究了气体浓度、反应温度、活性组分负载量、脱硫时间对 $CuO/\gamma\text{-}Al_2O_3$、$CeO_2/\gamma\text{-}Al_2O_3$ 吸附剂烟气脱硫产物再生的影响；第 7 章对负载氧化铜、氧化铈烟气脱硫进行总结，指出今后的研究方向。

在上述研究内容完成过程中，作者深刻地体会到科学研究是一个不断地接近事物真相的过程。随着研究的深入，对一些问题的看法和分析也会发生变化，这往往会导致对同一问题有不同的解释。作者充分考虑到这种现象，在论述某些问题的同时，尽可能地附上不同的解释，这样可以给读者提供更多的思考空间。本书的研究内容得到了北京航空航天大学张世超教授和北京科技大学王新东教授的辛勤指导，昆明理工大学杨斌教授参与了后期的研究内容和本书的修改工作，清华大学的邹彦文研究员和北京航空航天大学的郭桂菊教授对部分实验研究内容给予了指导，在此一并表示衷心的感谢。

　　本书的撰写和出版得到了国家自然科学基金（51264023）的资助。

　　本书撰写过程中参考了许多与烟气脱硫和催化剂制备相关方面的著作、学术期刊及网络上刊载的文章，这些资料进一步丰富和完善了作者的研究内容，并对一些实验现象给予直接或间接的支持，在此向所有参考文献的作者表示衷心的感谢。

　　由于作者水平有限，书中不足之处敬请读者批评指正。

作　者

2013 年 10 月

目　　录

1 绪　论

1.1　概述

人类生产、生活活动中排出大量污染物，如粉尘、硫氧化物、氮氧化物、碳氧化物、臭氧等，这些物质排入大气层，污染物含量超过环境承载能力，使大气质量发生恶化，给人们的工作、生活、健康及生态环境带来严重的影响和破坏。SO_2 是造成大气污染的主要因素之一，其来源有两类[1]：一类是自然源，由自然界排放的 H_2S 氧化而得，即动植物的腐烂以及其他形成的 H_2S 在空气中继续被氧化成 SO_2，此外，天然硫黄的直接氧化也能生成 SO_2；另一类是人工源，它是大气 SO_2 的主要污染源，主要来自含硫燃料（煤和石油）的燃烧、含硫金属矿的冶炼及硫酸工业等。

SO_2 是具有窒息性臭味的气体，它对人类和其他动物均有危害性，它的主要危害是伤害呼吸道，产生炎症，当大气中 SO_2 的浓度为 $572.5mg/m^3$ 时，会使人呼吸困难；SO_2 使机体免疫力受到明显抑制，浓度大于 $715.6mg/m^3$ 时，可以导致死亡。SO_2 的浓度低于 $0.429mg/m^3$ 时即开始对植物产生影响，低浓度长时间（几天或几周）作用后，会抑制叶绿素的生长，叶子慢性损伤而变黄；高浓度短时间可造成急性叶损伤，长期污染可使植物无法生长。SO_2 还对许多物品产生腐蚀作用，使金属制品或饰物变暗、织物变脆破裂、纸张变黄发脆。

大气中的部分 SO_2 被氧化为 SO_3，降水时形成硫酸，产生酸雨，酸雨使土壤酸化，肥力降低，导致植物发育不良或死亡；酸雨还杀死水中的浮游生物，减少鱼类食物来源，破坏水生生态系统；酸雨污染河流、湖泊和地下水，直接或间接危害人体健康；酸雨对森林的危害更不容忽视，酸雨淋洗植物表面，直接或通过土壤间接伤害植物，促使森林衰亡。酸雨对金属、石料、水泥、木材等建筑材料均有很强的腐蚀作用，对电线、铁轨、桥梁、房屋等均会造成严重损害。因受到酸雨危害，我国每年造成的损失高达 1100 亿元。因此，减少 SO_2 排放，对解决大气污染问题，实现资源节约型、环境友好型的社会发展目标具有重要的意义。

工业 SO_2 排放的主要行业是电力业、非金属矿物制品业、黑色金属冶炼业、化学原料和制品制造业、有色金属冶炼业和石油炼焦业，其中电力行业是我国 SO_2 排放大户[2]。"十五"以来，我国能源消费超常规增长，煤炭占我国能源总量的 75% 以上，预计到 2050 年，我国以煤为主的能源结构将不会改变。传统的燃煤方式会造成严重的 SO_2 污染和烟尘污染。煤中以有机硫和黄铁矿形式存在的硫在煤的燃烧过程中全部参加反应，而硫酸盐不参与燃烧，主要产物是 SO_2 和 SO_3，但 SO_3 的浓度相当低。图 1.1 列出了 1999~2010 年我国煤炭消耗量与 SO_2 排放量之间的关系[3]。从图 1.1 中可以看到，近年来，原煤消耗量一直呈增加的趋势，SO_2 的排放量也在不断上升；随着国家加大了对火电厂的硫排放控制，2006 年之后，烟气脱硫装机容量增加，SO_2 的排放量呈现出了下降的趋势，但排放总量仍较大，大大超过生态系统自身的净化能力。此外，黑色金属冶炼业以及焦化行业 SO_2 污染比重也在逐步变大，其中黑色金属冶炼业增长幅度最快，由 1998 年的 1.77% 升至 2007 年的 3.32%；非金属矿物制品业和有色金属冶炼业的 SO_2 污染比重持续下降，化学原料和制品制造业污染比重稳中有降。到 2020 年，我国将全面建设小康社会，经济保持高速增长，能源需求持续增加。全国煤炭消耗总量仍将持续增长，燃煤 SO_2 排放量也将随之持续增加，火电行业煤炭消耗量及其 SO_2 排放量增幅将高于全国平均增幅。

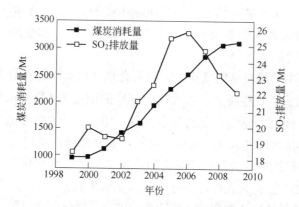

图 1.1　1999~2009 年我国煤炭消耗量与 SO_2 排放量之间的关系

　　我国在酸雨和 SO_2 污染防治工作的管理方面也取得了一定进展。相继出台了《中华人民共和国大气污染防治法》、《燃煤二氧化硫排放污染防治技术政策》、《火电厂大气污染物排放标准》等法律、标准、政策，全面开征 SO_2、氮氧化物排污费。这些法律、标准、政策的实施，对酸雨和 SO_2 污染的控制起到了重要作用。

　　总体来说，目前我国 SO_2 排放总量居高不下，酸雨污染总体上未能得到有效控制，局部地区加重，以细颗粒物为主的区域性大气污染和城市空气氮氧化物污染日益突出，已成为制约我国社会经济发展的重要环境因素。《国家酸雨和二氧化硫污染防治"十一五"规划》指出，"十一五"时期，国家把能源消耗强度降低和主要污染物排放总量减少确定为国民经济和社会发展的约束性指标，把节能减排作为调整经济结构、加快转变经济发展方式的重要抓手和突破口，以确保实现资源节约型、环境友好型社会的发展目标。

我国当前二氧化硫减排方面存在的主要问题是[4]：

（1）一些地方对节能减排的紧迫性和艰巨性认识不足，片面追求经济增长，对调结构、转方式重视不够，不能正确处理经济发展与节能减排的关系，节能减排工作还存在思想认识不深入、政策措施不落实、监督检查不力、激励约束不强等问题。

（2）产业结构调整进展缓慢。"十一五"期间，第三产业增加值占国内生产总值的比重低于预期目标，重工业占工业总产值比重由 68.1% 上升到 70.9%，高耗能、高排放产业增长过快，结构节能目标没有实现。

（3）能源利用效率总体偏低。我国国内生产总值约占世界的 8.6%，但能源消耗占世界的 19.3%，单位国内生产总值能耗仍是世界平均水平的 2 倍以上。2010 年全国钢铁、建材、化工等行业单位产品能耗比国际先进水平高出 10%~20%。

（4）政策机制不完善。有利于节能减排的价格、财税、金融等经济政策还不完善，基于市场的激励和约束机制不健全，创新驱动不足，企业缺乏节能减排内生动力。

（5）基础工作薄弱。节能减排标准不完善，能源消费和污染物排放计量、统计体系建设滞后，监测、监察能力亟待加强，节能减排管理能力还不能适应工作需要。

国际上，围绕能源安全和气候变化的博弈更加激烈，绿色贸易壁垒日益突出，全球范围内绿色经济、低碳技术正在兴起，不少发达国家大幅增加投入，支持节能环保、新能源和低碳技术等领域创新发展，抢占未来发展制高点的竞争日趋激烈，这些都使得 SO_2 减排工作难度不断加大。困难面前也面临难得的历史机遇。当前科学发展观深入人心，全民节能环保意识不断提高，各方面对 SO_2 减排的重视程度明显增强，产业结构调整力度不断加大，科技创新能力不断提升，节能减排激励约束机制不断完善，这些都为"十二五"推进节能减排工作创造了有利条件。此外，要充分认识节能减排的极端重要性和紧迫性，增强忧患意识和危机意识，抓住机遇，大力推进节能减排。力争到 2015 年，全国化学需氧量和 SO_2 排放总量分别控制在 2347.6 万吨和 2086.4 万吨，比 2010 年的 2551.7 万吨和 2267.8 万吨各减少 8%，分别新增削减能力 601 万吨和 654 万吨，促进经济社会发展与资源环境相协调，切实增强可持续发展能力。

1.2 烟气脱硫工艺方法

按脱硫产物是否回收，烟气脱硫可分为抛弃法和回收法，前者是将 SO_2 转化为固体残渣抛弃掉，后者则是将烟气中 SO_2 转化为硫酸、硫黄、液体 SO_2、化肥等有用物质回收。二者相比，回收法可以综合利用硫资源、避免产生二次污染，这是烟气脱硫发展的方向。

按脱硫过程是否加水和脱硫产物的干湿形态，烟气脱硫又可分为湿法、半干法和干法三类工艺。湿法脱硫具有技术成熟、效率高、Ca/S比低、运行可靠等特点，但脱硫产物的处理比较麻烦，占地面积和投资大，脱硫后烟气温度降低，不利于扩散。半干法、干法的脱硫产物为干粉状，处理容易，工艺较简单，投资一般低于湿法，但用石灰（石灰石）作脱硫剂的半干法、干法的Ca/S比高，脱硫效率和脱硫剂的利用率低。

1.2.1　湿法烟气脱硫

湿法烟气脱硫技术的整个脱硫系统位于燃煤锅炉烟道的末端，即除尘系统之后，脱硫过程在溶液中进行，脱硫剂和脱硫生成物均为湿态。由于脱硫过程的反应温度低于露点，因此脱硫以后的烟气一般需再加热才能从烟囱排出。湿法烟气脱硫效率高、反应速度快、钙利用率高，适合于大型燃煤电站锅炉的烟气脱硫。目前，世界上已开发的湿法烟气脱硫技术主要有石灰石-石膏法、氨法烟气脱硫、海水脱硫法、钠碱法、磷铵复合肥法、氧化镁法等。湿法脱硫占世界安装烟气脱硫机组总容量的85%[5]。

1.2.1.1　石灰/石灰石-石膏湿法脱硫

根据石灰/石灰石-石膏湿法脱硫工艺脱硫产物的处理方法不同又可分为抛弃法和回收法，其主要区别是回收法中强制使$CaSO_3$氧化成$CaSO_4$（石膏）。石灰/石灰石-石膏湿法脱硫工艺采用价廉易得的石灰或石灰石作脱硫剂，石灰或石灰石经磨碎成粉状与水混合搅拌成吸收剂浆液。在吸收塔内，当烟气中的SO_2在吸收塔填料格栅界面上与吸收剂浆液接触时，借助于气液两相浓度梯度，通过扩散过程把SO_2传质到液相，形成H_2SO_3，并电离成H^+、HSO_3^-与SO_3^{2-}，部分SO_3^{2-}被烟气中的氧气氧化形成SO_4^{2-}，而浆液中的$CaCO_3$在低pH值条件下电离产生的Ca^{2+}与其反应形成稳定的二水石膏，部分SO_3^{2-}先与Ca^{2+}反应生成$CaSO_3$，然后被烟气中氧气氧化形成石膏。脱硫后的烟气经除雾器除去带出的细小液滴，经换热器加热升温后排入烟囱。总反应式可表示为：

$$SO_2(g) + CaCO_3(s) + 1/2O_2(g) + 2H_2O(l) =\!=\!= CaSO_4 \cdot 2H_2O(s) + CO_2(g)$$

$$(1.1)$$

现在运行的湿法烟气脱硫，采用70%石灰石、16%石灰、14%其他材料作吸收剂。经过特殊处理的石灰石能显著降低吸收塔、泵及其他部件的投资，抵消了石灰的高成本。另外在吸收剂中加入镁能提高脱硫率，降低能耗。

石灰石-石膏湿法烟气脱硫的主要优点是[6]：技术成熟，运行可靠，吸收剂利用率很高（90%以上），钙硫比较低（1.05左右），脱硫效率可大于95%，对锅炉负荷变化有良好的适应性，在不同的烟气负荷及SO_2浓度下，脱硫系统仍可保持较高的脱硫效率及系统稳定性，脱硫剂石灰石价格便宜。日本、德国、美国的火力发电厂85%以上的烟气脱硫装置采用此工艺。这种技术存在的主要问题是系统比较复杂，占地面积相对较大，投资及厂用电较高（厂用电率约1%~1.8%），吸收塔等设备易结垢和堵塞，设备部件磨损问题比较严重，石灰石分解会产生大量的CO_2。

1.2.1.2 湿式氨法烟气脱硫

湿式氨法烟气脱硫技术是以氨（液氨、氨水等）作吸收剂，脱除烟气中的SO_2，并回收副产物硫酸铵的烟气脱硫工艺[7,8]。反应原理分以下两步进行：

（1）以水溶液中的SO_2与NH_3反应为基础的吸收过程：

$$SO_2 + H_2O + xNH_3 === (NH_4)_xH_{2-x}SO_3 \qquad (1.2)$$

利用氨将废气中的SO_2脱除，得到亚硫酸氢铵中间产品。

（2）采用空气对亚硫酸氢铵直接强制氧化：

$$(NH_4)_xH_{2-x}SO_3 + 1/2O_2 + (2-x)NH_3 === (NH_4)_2SO_4 \qquad (1.3)$$

此过程是将吸收反应的中间产物——不稳定的亚硫酸氢铵氧化成稳定的硫酸铵，即农用的硫铵化肥。

氨法烟气脱硫技术的特点是可将SO_2、氨回收为硫酸铵、磷铵、硝铵等化肥或硫酸、SO_2等化工产品，使其全部资源化；该技术可用于0.4%~8%甚至更高的燃煤硫分，且应用于中、高硫煤时经济性更加突出，同时锅炉也因为使用中、高硫煤而使得成本降低，既可提高经济收益又能带来环保效益；无废水、废渣、废气排放，没有传统石灰石-石膏法脱硫石膏难以处置的难题。脱硫过程不增加CO_2排放，属于低碳技术；吸收剂氨对NO_x有吸收作用，脱硫过程中形成的亚硫酸铵对NO_x具有还原作用，脱硫的同时也可脱硝，脱硝率一般大于20%。

氨法烟气脱硫技术是我国拥有自主知识产权的脱硫技术，脱硫技术工艺简单，脱硫效率高，且副产物可用作化肥，从长远角度看更有利于在我国长期和全面推广。实际应用中该技术也存在一些问题，如脱硫过程中$(NH_4)_xH_{2-x}SO_3$溶液的氧化需要额外补充能量，增加了系统的能耗和运行费用；且氨的挥发损失以及由此引起尾气中存在气溶胶，使得氨的利用率不高，同时产生了二次污染，这些缺点都制约着氨法烟气脱硫技术的发展，还需要进一步改进和完善。目前，已开发出电子束氨法、脉冲电晕氨法等多种氨法脱硫工艺。

1.2.1.3 海水脱硫法

天然海水中含有大量的可溶盐，其主要成分是氯化物和硫酸盐，也含有一定量的可溶性碳酸盐。海水呈弱碱性，其pH值约为7.5~8.5，碱度约为2.2~2.7mmol/L。由于海水的这些特性，可被开发用于烟气洗涤，除去烟气中的SO_2，达到净化烟气的目的。海水烟气脱硫工艺的优点是：技术成熟，工艺简单，不再采用其他添加剂，因此系统不会结垢或堵塞，设备运行维护简单，具有极高的系统利用率；脱硫效率高；不产生任何固态或液态废弃物，无需采购、运输、制备其他添加剂，最大程度地减少烟气脱硫装置对环境带来的影响；建设用地少，作业环境清洁卫生；投资和运行费用低，但仅适用于沿海城市的废气处理，应用局限性较大。

1.2.2 半干法烟气脱硫

半干法烟气脱硫技术兼有干法与湿法的一些特点，可分为脱硫剂在干状态下脱硫、在湿状态下再生（如水洗活性炭再生流程）和脱硫剂在湿状态下脱硫、在干状态下处理脱硫产物（如喷雾干燥法）两种半干法。特别是在湿状态下脱硫、在干状态下处理脱硫产物的半干法，以其兼有湿法脱硫反应速度快、脱硫效率高和干法无废水、废酸排出及脱硫后产物易于处理的优点而受到人们的广泛关注[9]。半干法烟气脱硫工艺包括喷雾干燥烟气脱硫、循环流化床烟气脱硫、气体悬浮吸收烟气脱硫、增湿灰循环脱硫（NID）等。

喷雾干燥法烟气脱硫（SDA）又称为干法洗涤脱硫，是目前市场份额仅次于湿式钙法的烟气脱硫技术。该法是利用喷雾干燥的原理，将吸收剂浆液雾化，湿态的吸收剂喷入吸收塔后，吸收剂与烟气中的 SO_2 发生化学反应，同时烟气中的热量使吸收剂不断蒸发干燥。完成脱硫反应后的干粉状产物，部分在塔内分离，由吸收塔锥形底部排出，部分随除酸后的烟气进入除尘设备。一般用的吸收剂是碱液、石灰乳、石灰石浆液等，目前石灰乳为最常用的吸收剂。该工艺的优点是：设备操作简单，工艺简单，能耗少，是湿法脱硫工艺能耗的 1/2 ~ 1/3；可使用碳钢作为结构材料，不存在由微量金属元素污染的废水，无腐蚀问题；喷雾干燥器出口温度控制在露点温度以上的安全温度，不需要重新加热系统；脱硫产物为干态，便于处理，投资和运行费用都比较低；喷雾干燥法常用于燃用低硫煤的锅炉，一般情况下，可达到 65% ~ 85% 的脱硫效率。但是喷雾干燥法也存在塔内固体贴壁，管道容易堵塞，喷雾器易磨损和破裂，吸收剂的用量难于控制等问题。

循环流化床烟气脱硫技术（CFB-FGD）是20世纪80年代德国鲁奇（Lurgi）公司开发的一种新的干法脱硫工艺，它以循环流化床原理为基础，通过吸收剂的多次再循环，从而使吸收剂与烟气的接触时间增加，$Ca(OH)_2$ 与烟气中的 SO_2 和几乎全部的 SO_3 完成化学反应，大大提高了吸收剂的利用率。在循环流化床内，颗粒在悬浮状态下与流体接触，流-固相界面面积大，有利于非均相反应的进行；颗粒在流化床内混合激烈，使颗粒在床内的温度、浓度均匀一致，使得稳定性提高。床内颗粒具有流体性质，可以大量地从装置中移出、引入，并可以大量循环；流体与颗粒之间的传热、传质速率也较其他接触方式高。该技术不但具有干法脱硫工艺的许多优点，如占地小、投资少、流程简单、副产品可以综合利用等，而且能在很低的钙硫比（Ca/S = 1~1.2）情况下接近或者达到湿法工艺的脱硫效率。

气体悬浮吸收烟气脱硫工艺（GSA），与 CFB-FGD 工艺思路相近，是一种以石灰石为吸收剂的半干法脱硫技术。它的工艺特点是在吸收塔出口安装旋风分离器做预除尘，生石灰经消化制成石灰浆液后喷入吸收塔，烟气与雾化的石灰浆液充分接触以脱除二氧化硫。GSA 工艺的关键之处是大量覆盖着新鲜石灰浆液的再循环，这种工艺的传热、传质特性优于传统的半干法工艺。与其他半干法相比，GSA 工艺采用一个低压力的双流体喷嘴，石灰浆液和水经喷枪上的两相流喷嘴雾化喷出，且喷嘴孔径比传统半干法中的大，不易堵塞，喷嘴磨损低；反应器内是颗粒流化床，反应器内壁面受到悬浮颗粒的连续冲刷，能使吸收塔内表面保持洁净，避免了结垢，同时在设备内没有干湿交界面，避免了腐蚀问题。

增湿灰循环脱硫技术（NID）是 ABB 公司开发的新技术。NID 技术采用 CaO 作为脱硫剂，CaO 在消化器中加水消化成 Ca(OH)$_2$ 后，与从除尘器下来的大量循环灰相混合并进入混合增湿器，在混合增湿器内加水增湿，然后进入烟道反应器。大量的脱硫循环灰进入反应器后，由于蒸发表面极大，水分很快蒸发，烟气相对湿度则变大。由于脱硫剂是不断循环的，未反应的 Ca(OH)$_2$ 进一步参与循环脱硫，因此脱硫剂的有效利用率很高。NID 技术特点有：（1）利用 CaO 粉或电石渣等作脱硫剂，取消了喷雾干燥脱硫工艺中的制浆系统；（2）脱硫灰循环率达 30~50 倍，脱硫剂利用率高达 90% 以上，大大降低了运行成本；（3）脱硫效率高。当 Ca/S 为 1.1~1.3 时，脱硫效率可达 90% 以上；（4）外置式增湿消化器，增湿灰湿度均匀，无黏结、堵塞问题；（5）占地小，投资少，运行成本较低。

半干法烟气脱硫市场占有率仅次于湿法，列第二位。该法采用湿态吸收剂，在吸收装置中被烟气的热量所干燥，并在干燥过程中与 SO$_2$ 反应生成干粉状脱硫产物。半干法的主要特点是[10]：吸收塔出来的废料是干的，脱硫率为 70%~90%，与湿式石灰石法相比省去了庞大的废料处理系统，设备投资比湿式石灰石节省 10%~15%，工艺流程大为简化，运行费用低、能耗小、占地面积小。半干法烟气脱硫技术将低投资和优良的性能巧妙地结合，但存在吸收剂利用率较低和吸收剂消耗量大的问题。

1.2.3 干法烟气脱硫

干法烟气脱硫（DFGD）是采用粉状吸收剂、吸附剂或催化剂在干态下与烟气中的 SO$_2$ 反应，去除烟气中的 SO$_2$[9]。主要包括：炉内喷钙炉后增湿活化技术（LIFAC）、循环流化床干法烟气脱硫（CFB）、移动床活性炭脱硫法（BF/FW）、磷氨肥法（FAFP）、电子束照射法（EBA）、荷电干式喷射脱硫法（CDSI）等。干法烟气脱硫技术的脱硫吸收和产物处理均在干状态下进行，没有废水产生，设备腐蚀小，烟气无需再热，结构简单，设备易于维护，运行费用低。但干法脱硫技术存在脱硫剂利用率低、脱硫效率低等缺点。

干法脱硫过程多数属于气固反应，速度相对较低，烟气在反应器中的流速较慢，以延长反应时间，故设备庞大，但脱硫后的烟气降温较少或不降温，故不需再加热（耗能少），即可满足排放扩散的要求。此外，干法烟气脱硫还具有二次污染少、无结垢和堵塞、可靠性高等特点。

1.2.3.1 炉膛干粉喷射脱硫法

炉膛干粉喷射脱硫法是把钙基吸收剂如石灰石、白云石等喷到炉膛燃烧室上部温度低于1200℃的区域，随后石灰石瞬时煅烧生成CaO，新生成的CaO与SO_2进行硫酸化反应生成$CaSO_4$，并随飞灰在除尘器中收集。该法的优点是[10]：投资费用低，脱硫产物呈干态，并与飞灰相混；无需安装除雾器及烟气再热器，设备不易腐蚀，不易发生结垢及阻塞，易于在老锅炉上改造。不足之处是吸收剂比表面积小、比表面渗透能力不够、易于沉降等，减少了吸收剂与硫化物接触的反应时间，脱硫效率低，钙利用率低。主要的原因是，$CaSO_4$覆盖层阻止了反应的进一步发生，使反应过程终止。另外，由于炉内的温度都在1000℃以上，高温容易造成CaO的烧结，烧结现象导致CaO比表面积的减少和孔隙率的降低，影响了SO_2的扩散。针对此问题，国外开发出炉内喷钙增湿活化法（LIFAC），它是在锅炉的空气预热器与除尘器之间加装一个活化反应器，在该反应器内喷水增湿，促进脱硫反应的进行，使最终的脱硫效率达到70%～75%。荷电干式吸收剂喷射脱硫技术也是一种改进型的干法脱硫技术，其原理是吸收剂以高速流过喷射单元产生的高压静电电晕充电区，使吸收剂得到强大的静电荷（通常是负电荷），吸收剂颗粒由于带同种电荷，从而互相排斥，形成均匀的悬浮状态，提高了吸收剂与SO_2的反应几率，使烟气脱硫效率大为提高，而且带电吸收剂颗粒的活性有所提高，缩短了吸收剂与SO_2完全反应所需的滞留时间，一般在2s左右即可完成化学反应，从而有效地提高SO_2的脱除率，并缩短反应时间。

1.2.3.2 电子束法

电子束法由日本于1971年开发，进行了中试和半工业试验，后来西方国家进行中试。电子束脱硫技术采用电子加速器产生的电子束辐照烟气，利用产生的自由基等活性基团氧化烟气中的二氧化硫和氮氧化物等污染物，然后同投加的脱除剂氨反应，生成硫酸铵和硝酸铵，最终实现污染物脱除[11]。实现该技术的工艺分为干法和半干法。一般都采用烟气降温增湿、加氨、电子束辐照和副产物收集的工艺流程。

SO_2去除的主要途径为热化学反应和辐射化学反应，SO_2首先被转化为

H_2SO_4 后再与 NH_3 反应生成 $(NH_4)_2SO_4$。SO_2 与 OH 自由基的反应对 SO_2 去除起着极其重要的作用，反应的速率常数取决于温度、压力和烟气中的水含量。液滴和固体粒子表面的异相反应对 SO_2 的氧化有着特殊意义，液相中的链反应可导致 SO_2 脱除中的能量消耗发生有意义的减少。目前有关热化学反应的机理还不完全清楚，不同的研究者得出的研究结论不完全相同。

电子束脱硫技术在同一工艺过程中同时脱除二氧化硫和氮氧化物，是当今其他烟气脱硫技术所无法比拟的。同时该技术还具有脱硫效率高、不产生二次污染物、无温室效应气体二氧化碳产生、副产物硫酸铵和硝酸铵可用作肥料、负荷跟踪能力强等特点，可实现污染物资源的综合利用和硫、氮资源的自然生态循环，是一种不可多得的综合利用型绿色烟气脱硫技术。工业应用已证明可同时实现 95% 以上的二氧化硫和达到 70% 的氮氧化物脱除率指标，但整套装置耗电高，约占整个电厂发电的 10%。

1.2.3.3　脉冲电晕放电法

脉冲电晕放电法是从电子束法发展而来的烟气脱硫、脱硝技术，机理与电子束法基本相同，都是靠脉冲高压电源在普通反应器中形成等离子体，产生高能电子（5～20eV）；不同的是，脉冲电晕放电法是利用快速上升的窄脉冲电场加速而得到高能电子形成非平衡等离子体状态，产生大量的活性粒子，对工业废气中的气体分子进行氧化降解，转化污染物，再向其注入气态 NH_3，与上步的产物生成硫酸铵和硝酸铵及其复盐[12]。该方法驱动离子的能耗极小，因而能量利用率较高，同时具有显著的脱硫、脱硝效果，其脱除率均达 80% 以上。

国际上普遍认为脉冲电晕法脱硫、脱硝是最有前景的方法，但该法起步晚，还不成熟，还有许多问题需进一步研究。

脉冲电晕法能在单一的过程内同时脱除 SO_2 和 N_2，高能电子由电晕放电自身产生，不需要昂贵的电子枪，也不需要辐射屏蔽，只要对现有的静电除尘器进行适当改造就可以实现，并能集脱硫、脱硝和飞灰收集功能于一体。它设备简单、操作简便、投资较电子束照射法低 40%，对烟气进行脱硫、脱硝一次性治理所消耗的能量，比当前治理任何一种气体所要消耗的能量要小得多，最终产品可用作肥料。该方法在节能方面有很大的潜力，它对电站锅炉的安全运行没有影响，是国际上脱硫、脱硝的研究前沿。

1.2.3.4　其他方法

其他的干法脱硫技术还有疏水沸石吸附法[13]、活性铝矾土吸附法[14]和金属氧化物吸附法。由于金属氧化物吸附法具有速度快、吸附温度区间与炉况烟气温度区间相一致等特点，得到了人们的关注。采用金属氧化物脱除 SO_2，根据 SO_2 吸附后被氧化为 SO_3 或还原为 S 的不同，以及在转化过程中往往同时伴随着催化的过程，又将其分为催化氧化法和催化还原法[15,16]。催化方法脱硫可以大大加快脱硫速率，增加硫容，而且可以避免吸收、吸附等净化方法可能产生的二次污染，使操作过程简化。

不管是催化氧化法还是催化还原法，寻找合适的金属氧化物是催化法的关键。对脱硫剂的要求是：脱硫速率快、硫容高、适用范围广、易再生、寿命长，且价格便宜。催化法也有应用上的局限性，如烟气中氧含量的大小，催化还原过程中存在选择性问题，催化剂抗水蒸气和其他杂质的能力差，生成硫化物沉积等。

1.2.4　各工艺条件比较

湿法脱硫是采用液体吸收剂，如水或碱溶液等洗涤除去二氧化硫，具有反应速度快、脱硫效率高、操作较容易等优点，工艺成熟，市场占有率高。目前世界上大机组脱硫以湿法脱硫占主导地位，占总数的 85% 左右，但湿法脱硫一次性投资大，设备运行及维护费用都较高，设备复杂，占地面积大，存在二次污染等缺点，且脱硫后烟气温度低，不利于烟囱排气扩散。为了提高扩散效果，防止烟囱附近形成酸雾（白烟），须将烟气温度升至 100℃ 以上再排放。我国应用较多的石灰/石灰石-石膏湿法脱硫工艺基本上都是从国外引进，需要支付较高的先期技术转让费和项目实施时的技术使用费，而且常常是多家国内单位引进同一种技术，造成资源浪费。

半干法是利用烟气显热蒸发石灰浆液中的水分，同时石灰与 SO_2 反应生成干粉状亚硫酸钙，它兼有湿法和干法的特点，具有工艺简单、维护方便、脱硫效率范围广、适应性强等优点，但半干法并没有从根本上解决资源的可再生利用问题。

干法是用粉状或粒状吸收剂、吸附剂或催化剂除去二氧化硫。其优点是流程短、无污水和废酸排出，且净化后烟气温度降低少，利于烟囱排气扩散。缺点是 SO_2 吸收或吸附速度较慢，使得脱硫效率低，脱硫剂的再生性能差等，而且设备庞大，操作技术要求高。开发研究高效可再生的干法脱硫技术成为今后脱硫技术的发展方向。

1.3　金属氧化物烟气脱硫

能作为吸收/催化剂一体化的金属氧化物必须满足：

（1）能在不小于 100℃ 将气相中 SO_2 由 0.2% 减少至 0.015%；

（2）在不大于 750℃ 能再生，使气相中 SO_2 和 SO_3 含量不小于 0.0104%。

考虑到烟气脱硫过程中可能遇到的种种实际问题，还需要考虑两点：

（1）性能优良的脱硫材料应该具有多种功能，即具有把 SO_2 氧化为 SO_3 的功能和快速吸附 SO_3 的功能，同时能够适应烟气中各种气体成分的影响。

（2）原材料价廉易得，适于工业应用。

美国杜康拉公司和环保局对 48 种金属氧化物的热力学有关数据做了调查与比较，筛选的原则是排除那些不适用于前述条件的氧化物[17]。得出待选的金属氧化物共 16 种：Al、Bi、Ce、Co、Cr、Cu、Fe、Hf、Ni、Sn、Th、Ti、V、U、Zn、Zr。热力学数据只是提供反应的可能性，因为有时即使 $\Delta G < 0$，但吸附反应速率相当缓慢，在应用上毫无意义。考虑反应动力学的特点，根据 SO_2 吸附速率的测定，剩下的 16 种氧化物中，仅 6 种具有适合的吸附速率，即 Cu、Cr、Fe、Ni、Co 和 Ce 的氧化物。

氧化铜（CuO）是一种重要的多功能精细无机材料，主要应用于搪瓷颜料、光学玻璃的磨光剂、农药、冶金试剂、气体传感器、磁性存储媒介等领域。同时，作为催化剂的主要成分，氧化铜在氧化、加氢、选择性还原 NO 及碳氢化合物燃烧等多种催化剂反应中都得到了广泛应用。

氧化铈（CeO_2）具有一些特殊的性质，是一种重要的轻稀土产品，在一些高科技功能材料方面有着广泛的应用。如氧化铈作为有储氧作用的助催化剂应用于汽车尾气铂催化剂；氧化铈具有吸收紫外线的功能，可用于制造防紫外线玻璃；氧化铈的折射率大，可用于釉质的遮光剂；氧化铈具有切削力强、抛光时间短、使用寿命长、抛光精度高的优点，用于制备抛光粉等。

本书以 CuO 和 CeO_2 为活性组元，以 $\gamma\text{-}Al_2O_3$ 为载体，开展负载 CuO、CeO_2 烟气脱硫的研究。

1.3.1 氧化铜烟气脱硫研究进展

氧化铜技术最初是在美国能源部的联邦能源技术中心发展起来的，该技术最大的优点是能够同时脱硫、脱氮，因此氧化铜技术受到了广泛的重视。目前移动床氧化铜工艺已被美国能源部的"Combustion 2000 Program"选为最有前景的烟气联合脱硫脱氮方法之一[18]。国外从反应器和理论两方面对 CuO 工艺做了大量的研究工作，现对国外和国内的研究进展进行总结。

1.3.1.1 国外研究情况

A 不同反应器内负载氧化铜烟气脱硫研究[19]

a 固定床

1970 年，McCrea 等人在实验室固定床上用浸渍法制得 6.3%（质量分数，以 Cu 计）的铝基吸收/催化剂进行了 200 个循环以上的 SO_2 吸收和 CH_4 再生试验（脱硫和再生段的温度分别为 300℃ 和 425℃），过程中未观察到试剂发生的物理或化学性质的变化[20]。Bourgeois 等人采用未反应的收缩核机理描述不可逆的、放热的气固反应，研究了固定床 CuO 烟气脱硫过程中各动力学参数、颗粒内热量和质量扩散系数、空速、床层和颗粒尺寸、入口气体对脱硫性能的影响[21]，模拟结果显示：若满足颗粒直径小于6.4mm、入口烟温大于400℃、初始床温超过440℃，采用固定床CuO反应器的工艺脱除烟气中的SO_2是可行的。Lin、Deng建立二维反应模型来模拟氧化铜固定床脱硫反应，预测值与实验值比较吻合[22]。

b　移动床

在移动床反应器中，烟气会以错流形式流经含吸收/催化剂的填料床，填料床会因重力作用而缓慢地向下移动；所用的挡板既要能承托吸收剂，又要能使烟气自然地流经床层。Breault等人报道了在Illinois Coal Development Park（ICDP）的一个1MW中试机组上进行错流移动床反应器试验：采用浸渍于Al_2O_3小球上的CuO吸收/催化剂，脱硫温度370℃，脱除效率达97%～99%。Cengi等人在不同的操作条件下对ALCOA生产的可再生的铝基CuO吸收/催化剂进行了测试，通过一系列的试验确定不同操作参数对吸收/催化剂的脱硫效率和有效容量的影响，并通过给定条件下进行多次循环反应来测试吸收/催化剂的耐用性。初步试验结果表明，采用含7%蒸汽的烟气时，吸收/催化剂的有效容量比采用干烟气高25%；再生时采用纯CH_4与采用10%CH_4相比，再生时间缩短，但不影响试剂性能。SO_2的穿透曲线表明，脱硫温度越高，硫容越大。在不同温度下再生的吸收/催化剂被再次脱硫时，发现再生温度越高，有效硫容越大。研究的参数包括：脱硫及再生的温度、空间速度、气体组成，并通过给定条件下进行20次循环反应来测试吸收/催化剂的耐用性。在较低的SO_2浓度下其吸附量高于理论硫容，表明脱硫过程存在着SO_2和γ-Al_2O_3的相互作用。

c　流化床

Strakey等人在流化床反应器上采用相同的吸收/催化剂处理含有SO_2的天然气燃烧产物，测试了进料速度、床高和床温对脱硫效果的影响。Yeh等人在此基础上，在一个226.795kg/h(500lb/h)粉煤燃烧设备（燃用3%高硫煤，烟气中含0.23%SO_2）上安装了流化床吸收反应器和再生反应器，采用浸渍法制备的CuO/γ-Al_2O_3进行24个循环脱硫后，吸收剂仍能保持高效的作用，脱硫率在90%以上。法国学者Touloude采用流化床反应器，分析了气固相进料速度、反应器内固相容纳量、温度、气相组成等对脱硫效果的影响。发现在较小的气体压降下，脱硫率可达90%，SO_2浓度可由0.3%降至0.03%以下。

流化床相对固定床具有更多的优点：（1）不存在固定床设计中用于隔离吸收器和再生器的大尺寸的管阀；（2）再生反应器出口气体稳定；（3）飞灰可以通过流化床，不会引起固定床中的堵塞现象。该工艺中吸收/催化剂与烟气在鼓泡流化床内接触反应，然后再转移到再生反应器中释放SO_2。尽管该工艺很大程度上增大了烟气与吸收/催化剂的接触，但是吸收/催化剂在通过反应器时的磨损成本和压降将成为该工艺运行成本的主要因素。

d 填充床

Yates 等人建立了填充床的活塞流反应模型[23]，根据 Ingraham 等人提出的两步连续反应假设：

$$2CuO + SO_2 + 1/2O_2 \Longrightarrow CuO \cdot CuSO_4 \qquad (1.4)$$

$$CuO \cdot CuSO_4 + SO_2 + 1/2O_2 \Longrightarrow 2CuSO_4 \qquad (1.5)$$

应用穿透曲线和动力学模型计算出速率常数 k_1、k_2 和吸收/催化剂颗粒上 Cu 的初始浓度，并据此计算出这两个反应的活化能（分别为 17.62kJ/mol 和 14.54kJ/mol）和指前因子（分别为 $550.1s^{-1}$ 和 $36.79s^{-1}$）。该模型在低浓度 SO_2 与多孔 γ-Al_2O_3 负载的 CuO 反应的情况下用于构造速率常数已足够可靠，并可用在流动明显偏离简单的活塞流的系统中。

e 气固滴流式反应器

荷兰的研究人员采用气固滴流式反应器（gas-solid trickle flow reactor，GST-FR）研究了 CuO/SiO_2 的干式、可再生烟气脱硫反应，并采用活塞流模型来描述反应器的反应性能[24,25]。

众多研究结果表明，将该工艺应用于多种反应装置上均具有可靠性和可操作性。但该法短期内仍难以商业化，主要问题是成本问题。若吸收/催化剂成本能从每磅 2.00 美元降至 1.65 美元，则 FGD 成本会由每度 0.735 美分降至 0.692 美分。也有人通过添加薄水铝矿来改善吸收剂的抗压强度，起到了一定的效果，能够降低氧化铜工艺 27% 的成本。由于吸收/催化剂部分的成本对整个工艺成本影响巨大，因此要求对吸收/催化剂性能进行改善。

B 理论研究

G. Centi 等人采用 IR、热重等分析手段详细研究了 SO_2 在铝基铜催化剂（4.8%（质量分数）CuO）上生成硫酸盐的氧化—吸附机理[26,27]，认为：反应的第一步是铜催化 SO_2 的氧化，然后以不同的反应速率、对反应温度有不同依赖性地生成 $CuSO_4$ 和 $Al_2(SO_4)_3$，并以 CuO/γ-Al_2O_3 上生成两种表面硫酸盐物种为基础，分别就平行反应和连续反应模式进行假设，探讨了六种可能的反应模型，并与试验数据相比较，推断了过程可能的反应机理如下：

$$SO_2(g) + L \underset{}{\overset{K_i}{\Longrightarrow}} SO_2(ad) \qquad (1.6)$$

$$A + SO_2(ad) \underset{}{\overset{K_s}{\Longrightarrow}} SO_3(ad) \qquad (1.7)$$

$$SO_3(ad) + A \xrightarrow{k_1} B \qquad (1.8)$$

$$SO_3(ad) + D \xrightarrow{k_2} C + A_{red} \qquad (1.9)$$

$$A_{red} + O_2 \xrightarrow{k_{ox}} A(fast) \tag{1.10}$$

式中，K_i，K_s 为反应平衡常数；k_1、k_2、k_{ox} 为速率常数；ad 表示吸附。

SO_2 被化学吸附在吸收/催化剂的晶格氧上，然后与相邻的游离 Cu 位点（A）作用被氧化为化学吸附态的 SO_3，化学吸附的 SO_3 会进一步与邻近的第二个 Cu 位点反应生成与 Cu 结合的表面硫酸盐（B），或者通过表面转移到相邻的游离 Al 位点（D），在界面上生成与 Al 结合的表面硫酸盐（C），通过 O_2 快速氧化使 Cu 位点得到再生（见图 1.2）。化学吸附的 SO_3 与邻近的 Al 位点能迅速生成硫酸盐，而与 Cu 位点结合生成硫酸盐物种则较慢；再生时，与 Cu 结合的硫酸盐更容易被再生，而与 Al 结合的硫酸盐的再生较慢，并且在再生后仍有部分保留在样品上。因此，为使吸收/催化剂经多个脱硫—再生循环仍能维持较稳定的活性，避免载体的深度脱硫，反应温度也不宜过高。同时，G. Centi 等人以 Cu/S 摩尔比、SO_2/O_2 浓度、反应温度、接触时间等函数关系来描述该过程的反应动力学，得到反应动力学模型：

$$S/Cu = (K_s K_i S)\left(\int_0^t k_1 A^2 dt + \int_0^t k_2 AD dt\right) \tag{1.11}$$

式中，S/Cu 为 S 与 Cu 的摩尔比；A，D 为 A、D 位点的摩尔分数。

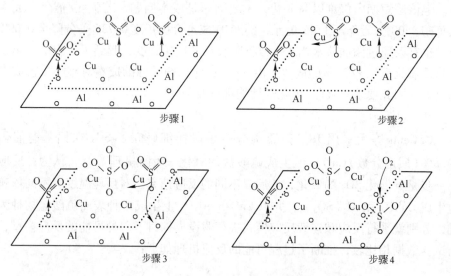

步骤1　步骤2　步骤3　步骤4

图 1.2　$CuO/\gamma\text{-}Al_2O_3$ 脱硫机理

并将此模型与采用固定床进行脱硫-再生的试验结果相对照，认为其符合在 $CuO/\gamma\text{-}Al_2O_3$ 上生成硫酸盐这一反应机理下的反应特性和光谱学证据，但是仍缺乏充分的证据来对其反应机理进行验证。

尽管在脱硫的吸收/催化剂中 S/Cu 比可能高过 1.0，但只有 CuO 或 Cu 离子处在低配位的环境中才可作为脱硫反应的活性组分，这与光谱研究的证据相符合[28]。赵璧英等人通过研究乙烯在 $CuO/\gamma-Al_2O_3$ 上的吸附性能，认为分散在 $\gamma-Al_2O_3$ 表面的 Cu^{2+} 只有部分能起活性吸附中心的作用[29]。Cu^{2+} 在载体表面不是离散的随机分布，而倾向于共用氧联结成片。低配位的 Cu^{2+} 才可与 SO_2 分子形成比较稳定的表面 π 络合物。Friedman 等人用 EXAFS 技术求得 Cu^{2+} 在 $\gamma-Al_2O_3$ 上平均 O^{2-} 配位数约为 5，并认为可能有相当部分的 Cu^{2+} 处于四方扭曲八面体空隙中[30]。但 Wolberg 则提出 Cu^{2+} 在 $\gamma-Al_2O_3$(100)面上形成八面体相的六配位结构模型。

脱硫后的试剂移到再生反应器内，或直接在大于700℃时热分解，或采用还原性气体使硫酸盐分解为 Cu 和含硫气体。再生反应的温度、含硫气体的组成与所采用的还原气体有关。若采用 H_2 进行再生，反应为：

$$CuSO_4 + 2H_2 =\!=\!= Cu + SO_2 + 2H_2O \qquad (1.12)$$

若采用 CH_4，其最佳反应温度为425℃，反应如下：

$$CuSO_4 + 1/2CH_4 =\!=\!= Cu + SO_2 + 1/2CO_2 + H_2O \qquad (1.13)$$

经再生的吸收/催化剂可送回脱硫反应器继续使用。暴露在烟气下，Cu 会被迅速氧化为 CuO，使吸附剂恢复到初始状态，反应方程式为：

$$2Cu + O_2 =\!=\!= 2CuO \qquad (1.14)$$

根据 Yeh 等人得出的动力学结果[31]，再生反应对于所采用的还原气体（CH_4、H_2 或 CO/H_2 混合物）均是一阶的，对于未反应的 $CuSO_4$ 的阶数则随所用的还原气体而变化。在所研究的还原气体中，CH_4 具有最低的反应速率。实验发现烟气中 O_2 浓度的变化对 CuO 的转化速率没有影响；速率方程对于烟气中 SO_2 的分压（p）和未反应的 CuO 的分数（$1-x$）均是一阶的；确定出的反应活化能为20.1kJ/mol。再生气体的选用对整个流程的性能和成本有重大影响。天然气由于具有良好的可用性、易于操作常被选用，但在大多数情况下，为了达到足够高的反应速率并补偿反应的吸热，再生前要求对吸收/催化剂进行额外加热。

Dassori 等人采用 Pore-pellet 模型分析 $CuO/\gamma-Al_2O_3$ 对 SO_2 的脱除情况，探讨了反应过程中发生的结构变化。认为活性相 CuO 结构改变带来的影响十分显著，固相进行化学反应引起的结构变化（膨胀或收缩）可导致通过颗粒的气体反应物的有效扩散系数发生变化，其得出的动力学参数与 CuO 的质量分数无关，因此可用于不同 CuO 质量分数的颗粒。Deberry 和 Sladek 报道[32]，通过微量天平试验得出的纯 CuO 的活化能为112kJ/mol。但 Yeh 等人同样采用微量天平试验得出，载铜量5.6%（质量分数）的 $CuO/\gamma-Al_2O_3$ 具有20.1kJ/mol的更低的活化能。事实上，烟气中的 SO_2 和 O_2 也会与载体氧化物 Al_2O_3 发生反应生成硫酸铝，其反应速率随温度的升高而增大。Breault 等人发现[33]，当吸收/催化剂长时间暴露在 SO_2 烟气中能吸收额外的硫。按正确的化学计量比，初始状态下载有6.6%铜的吸收剂对应的含硫量为3.3%，而实际结果是它的3倍多（最终载硫量（质量分数）约为10%）。这表明：在吸收/催化剂较长时间暴露于SO_2的过程中，活性氧化铝被脱硫形成了Al_2O_3-S复合物。Harriott对脱硫后吸附剂的还原动力学进行了研究[34]。

1.3.1.2 国内研究情况

湖南大学的沈德树等人以已成型经热处理的γ-Al_2O_3为载体，硝酸铜浸渍、干燥、活化制得吸收/催化剂样品[35]，考察了浸渍液浓度、浸渍时间、活化温度、活化时间等影响吸收/催化剂性能的因素。为防止生成铵盐，混合气预热到220℃以上，再以NO_x∶$NH_3 = 1∶1$的比例加入氨。然后以不同的反应温度和空间速度通过固定床积分反应器进行测试。结果表明：400℃和$2 \times 10^4 h^{-1}$空间速度的操作条件可使SO_2和NO_x的脱除率均在90%以上。

中国矿业大学的杨国华等人进行了流化床CuO脱硫实验研究，分析了Cu/S摩尔比、床高、进口烟气中SO_2浓度和床温对脱硫效率的影响[36]。流化床相对于固定床有很多优点，尽管该工艺很大程度上增加了烟气与吸收剂的接触，但吸收剂通过反应器时的磨损成本和压降将成为该工艺运行成本的主要因素。

王雁等人在固定床流动反应器上进行了模拟烟气脱硫试验，定量研究了不同组分样品的脱硫活性，分析了载铜量、SO_2浓度、空间速度、反应温度等对脱硫效果的影响[37]。结果表明，CuO在载体上分布的阈值为$0.47mg/m^2$，当CuO分布低于阈值时，在脱硫温度400℃、空间速度$11200h^{-1}$，S/Cu摩尔比低于理论值1的情况下，其脱硫效率可高达95%以上。O_2的存在对脱硫反应必不可少，但其浓度高低则无关紧要，在实际烟气情况下可以不考虑此参数。过高的铜负载或脱硫可能会引起部分微孔堵塞或使大孔出现缩径现象，改善脱硫反应活性的关键在于减弱内扩散的影响，提高CuO的整体利用率。此外，添加助剂的实验表明[38]，对脱硫活性起明显增强作用的金属有Na、K、Ca、Sr、Co、Cr、Fe，起明显抑制作用的是V。

贾哲华在CuO/Al_2O_3颗粒脱硫动力学基础上，建立了固定床反应模型，探讨了床层的动态脱硫行为，给出了固定床内硫分布曲线的数学表达式[39]。分析结果表明，CuO/Al_2O_3固定床的脱SO_2行为可由建立的床层模型描述，该模型将颗粒模型应用于固定床反应中，简化了复杂的数值求解。模拟分析表明床层反应在经历了初始期后由饱和区、反应区及未反应区组成；固相及气相硫的分布随床层位置的变化规律相同。SO_2的穿透时间随床高的增加而增加，但穿透曲线形状不变；在反应物浓度及反应温度一定的情况下，较低的空速有利于提高床层利用率。

游小清在固定床反应器上对吸收/催化剂CuO/γ-Al_2O_3吸收SO_2的过程进行了实验研究[40]。实验结果表明，吸附/催化剂吸附的SO_2与活性CuO的物质的量之比 S/Cu 大于 1，证实硫酸铝的存在。对这一脱硫过程的反应机理描述为：SO_2 首先化学吸附在吸附/催化剂活性位点上，然后被氧化为化学吸附态 SO_3，化学吸附态的 SO_3 接着与 $CuO/\gamma-Al_2O_3$ 反应生成硫酸铜和硫酸铝。

山西煤炭转化研究所刘守军等人以 $\gamma-Al_2O_3$ 为载体，制得 $CuO/\gamma-Al_2O_3$ 催化剂，对其在不同温度下的脱硫活性进行了评价[41]。结果表明，$CuO/\gamma-Al_2O_3$ 脱硫剂在 200℃脱硫活性较低；温度升至 300℃时活性明显提高；400℃时活性继续出现大幅度提高，此时，不仅活性组分 CuO 转化为 $CuSO_4$，部分载体也转化为 $Al_2(SO_4)_3$，故 $CuO/\gamma-Al_2O_3$ 用于脱硫适于较高温度下操作。因此，刘守军等人另行研制了能在较低温度下进行同时脱硫、脱硝的 Cu/AC 吸收/催化剂，其脱硫试验结果表明：在 200℃下，载铜量 5% ~15% 的 Cu/AC 脱硫剂具有较好的脱硫活性。根据不同反应气氛和试验条件下吸硫后脱硫剂的程序升温脱附（TPD）表征结果，提出一种 CuO/AC 对烟气中 SO_2 的吸附机理[42]。

谢国勇考查了脱硫剂制备参数及反应条件对 $CuO/\gamma-Al_2O_3$ 脱硫活性的影响[43]。并对不同载铜量的脱硫剂进行了 XRD 表征。结果表明，载铜量的质量分数为 8% ~10% 时，脱硫剂具有较高的脱硫活性，高于 10% 的载铜量致使活性组分 CuO 在 Al_2O_3 表面发生多层覆盖，活性位的利用率下降；在 350 ~500℃的烟气温度及 3000 ~56000L/(kg·h) 的操作空速范围内，$CuO/\gamma-Al_2O_3$ 具有较高的脱硫活性，烟气中的 O_2 对于 $CuO/\gamma-Al_2O_3$ 的脱硫活性是必需的，水的影响不大。

阮桂色等人比较了三种负载量相同的负载型金属氧化物脱硫剂 $MnO_x/\gamma-Al_2O_3$、$Fe_2O_3/\gamma-Al_2O_3$ 和 $CuO/\gamma-Al_2O_3$ 的活性，并在相同试验条件下分别考察了其脱硫性能，根据硫容数据得出三者脱硫活性顺序为：$CuO/\gamma-Al_2O_3 > MnO_x/\gamma-Al_2O_3 > Fe_2O_3/\gamma-Al_2O_3$[44]。

1.3.2　氧化铈烟气脱硫研究进展

稀土氧化物可作为脱硫剂脱除烟气中的 SO_2，最早研究的稀土氧化物脱硫剂是氧化铈。氧化铈作为脱硫剂的优势是：（1）可增大载体表面烧结阻力；（2）氧化铈与二氧化硫的反应温度范围较宽；（3）CeO_2/Al_2O_3 再生气可以直接送入 Claus 车间转化成单质硫；（4）铈这种稀土金属在中国、巴西、印度和美国西部储量很大。

氧化铈烟气脱硫与氧化铜烟气脱硫相比，研究工作相对较少。

1.3.2.1　国外研究情况

A　催化氧化法

最早开发研究的用于烟气脱硫过程的含稀土氧化物是 $CeO_2/\gamma-Al_2O_3$[45]。铈的氧化物是非常有应用前景的新型吸收剂，如在 $\gamma-Al_2O_3$ 中加入 CeO_2 能起到阻止氧化铝表面积因受热而缩小的作用[46]，CeO_2 吸收剂在很宽的温度范围内能和

SO_2 起反应。$CeO_2/\gamma\text{-}Al_2O_3$ 可作为新型潜在的吸收剂用于同时脱除烟气中的 SO_2 和 NO_x，脱氮、脱硫效率都大于 90% 。Hedges 等人用热重分析技术研究了 SO_2 在 $CeO_2/\gamma\text{-}Al_2O_3$ 上吸收反应的本征动力学[47]，实验结果表明，吸收反应的经验动力学方程遵循简单的动力学模型，即反应速率对 SO_2 的分压为一级反应，对未反应的 CeO_2 的分数也近似地认为是一级反应，其经验速率方程为：

$$k'p_s t = a_c\ln[a_c/(a_c - x_c)] \tag{1.15}$$

其中
$$k' = a_c\ln[a_c/(a_c - x_c)]/(p_s t)$$

式中，k' 为速率常数；a_c 为吸收剂上铈的起始质量分数；t 为时间，s；x_c 为 t 时刻消耗掉的铈的质量分数；p_s 为 SO_2 的分压 kPa。

在 600℃ 时，$k' = (0.028 \pm 0.002)\,s^{-1}\cdot kPa^{-1}$，根据 Arrhenius 定律 $k' = A \times exp(-E/RT)$ 求得，400 ~ 600℃ 范围内反应的表观活化能 E 为 12kJ/mol，指前因子 A 为 $0.14s^{-1}\cdot kPa^{-1}$。

用 XPS 分析了新鲜的、再生后的及使用后的 $CeO_2/\gamma\text{-}Al_2O_3$ 吸收剂，结果表明，新鲜的和再生后的吸收剂主要含有 CeO_2，再生后的吸收剂还有少量的硫酸盐存在，但没有检测出脱硫产物；使用后吸收剂主要含 Ce(Ⅲ)硫酸盐，同时存在少量的 Ce(Ⅵ)盐。

稀土氧化物作为吸收剂的脱硫技术的优点是这种固体脱硫吸收剂可再生循环使用，烟气中的氧气对该法无不利影响，可以用于烟气中同时脱除 SO_2 和 NO_x 的工艺，实现脱硫、脱氮一体化。其缺点是要设计一套过程来处理再生时释放出来的 SO_2，能耗高，工艺繁多，设备占地面积大，造成烟气脱硫投资大，运行费用远比催化法高。

在流化催化裂化装置（FCCU）的再生器中使用含铈铝酸镁尖晶石催化剂可以减少烟气中 SO_2 的排放量。在再生器内把 SO_2 氧化成 SO_3，SO_3 再经化学吸收即变成硫酸盐，用 H_2 来还原硫酸盐即生成 H_2S 被释放出来（所有 FCCU 都装配处理反应放出来的 H_2S 的设备）。其反应的全过程为[48]：

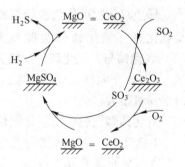

$$2SO_2 + O_2 =\!=\!= 2SO_3 \tag{1.16}$$

$$MgO + SO_3 =\!=\!= MgSO_4 \tag{1.17}$$

$$MgSO_4 + 4H_2 =\!=\!= MgO + H_2S + 3H_2O \tag{1.18}$$

含铈铝酸镁尖晶石催化剂的功能有三种：氧化、化学吸收和还原分解。Bhattacharyya 等人研究了上述反应的机理，其结果如图 1.3 所示（图中 $CeO_2/Mg_2Al_2O_5$ 催化剂以它的两个活性中心 CeO_2 和 MgO 表示），图中给出了 SO_2 被氧化、

图 1.3　$CeO_2/Mg_2Al_2O_5$ 催化剂作用机理

吸收到还原分解的循环过程，描述了催化剂各组分的催化特性。

Yoo 等人以含铈的混合固溶体铝镁尖晶石（$Ce/MgO \cdot MgAl_{2-x}M_xO_4$；$M =$ Fe，V，Cr；$x \leqslant 0.4$）为催化剂进行了控制流化催化裂化烟气中 SO_x 排放量的研究。实验表明，这种催化剂表现出相当高的活性和耐水蒸气稳定性，而且这种催化剂的表面（活性组分为 Ce_2O_3/CeO_2）对 CO 还原 NO_x 的反应也有明显的活性。很多的 NO_x 还原催化剂在 SO_x 存在时容易中毒，可是无论单纯的还是混合的含铈铝酸镁尖晶石催化剂都具有极高的水热稳定性和 SO_x 还原反应能力，因此这类活性高的脱硫催化剂完全可用于 FCCU 再生器烟气中，达到同时控制 SO_x 和 NO_x 排放量的目的。

催化氧化法从流化催化裂化烟道气中脱除 SO_2，在所研究的催化剂中含铈铝酸镁尖晶石是最有效的脱硫催化剂，其特点是这种系列催化剂在 SO_2 气氛中抗硫中毒性强，对 CO 还原 NO_x 的反应具有明显的活性，因而可以有效地用于同时控制 FCCU 烟道气中 SO_2 和 NO_x 的排放量；此外烟气中的氧气有助于 SO_2 氧化为 SO_3，可以开发应用于有 O_2 烟道气的脱硫技术研究。其缺点是要处理反应放出来的 H_2S，也存在类似于稀土氧化物作为吸收剂时脱硫所存在的问题。

实际应用中这些单一的金属氧化物很少单独使用，往往将它们和其他金属氧化物复合使用。Jale F. Akyurtlu 研究了 CeO_2 和 CuO 在以 Al_2O_3 为基体的吸收剂同时脱除 SO_2 和 NO_x 的行为[49]。这种方法的最大优点就是能够一步法脱除 SO_2 和 NO_x，减少了烟气带来的污染，降低了两步法脱除 SO_2 和 NO_x 的设备投资，CeO_2、CuO 吸收剂的最佳吸收温度为 $450 \sim 550\,℃$，最佳脱硫效果是 CeO_2、CuO 的摩尔比为 1∶1。研究表明氧化铈很可能是氧化铜的一种替代物，铈提高了 Al 的抗热烧结性能，并且每个铈原子可以结合 1.5 个硫原子。Wey 还进行了以 Al_2O_3 为基体的 CeO_2、CuO 吸收剂同时脱除 SO_2、HCl、NO 的小型流化床试验，指出在 NH_3 存在的情况下，NO 可被还原为 N_2，SO_2、HCl 的转化率为 80% ~ 95%[50]。

B 催化还原法

稀土氧化物可催化还原脱除烟气中的 SO_2。用 CO 还原 SO_2 到元素硫脱除过程所涉及的反应如下[48]：

$$SO_2 + 2CO \Longrightarrow 2CO_2 + 1/xS_x \tag{1.19}$$

$$CO + 1/xS_x \Longrightarrow COS \tag{1.20}$$

$$2COS + SO_2 \Longrightarrow 2CO_2 + 3/xS_x \tag{1.21}$$

式中，$x = 2 \sim 8$ 或更高。

在高温下通过反应式（1.19）产生的气态硫（S_2 占优势）和 CO 作用生成 COS，COS 再和 SO_2 反应生成元素硫。可是 COS 是一种比 SO_2 更有毒的化合物，在脱硫的过程中应该尽量减少 COS 的量。COS 和进料气中水蒸气及其他杂质气体存在可以使催化剂中毒而影响活性及选择性，促进下列反应发生：

$$CO + H_2O \Longrightarrow H_2 + CO_2 \tag{1.22}$$

$$COS + H_2O \Longrightarrow H_2S + CO_2 \tag{1.23}$$

$$H_2 + [S] \Longrightarrow H_2S \tag{1.24}$$

$$3/xS_x + 2H_2O \Longrightarrow 2H_2S + SO_2 \tag{1.25}$$

当温度在 400~500℃ 以上时，氧化铈是具有高度的氧流动性和氧离子空穴浓度的氧离子导体。Liu 等人也以萤石型稀土复（混）合氧化物为催化剂做了 CO 还原 SO_2 到元素硫方面的工作[51,52]，其结果是以萤石型 CeO_2 为载体的催化剂和 Cu-Ce-O 复合氧化物对反应式（1.19）都具有很高的活性和选择性，当反应温度大于 450℃ 和 $[CO]/[SO_2] = 2$ 时，元素硫的产率大于 95%，且 SO_2 几乎接近完全转化。通过对这两种 Cu-Ce-O 体系的深入研究表明，这些氧化物的活性是由于它们具有经历氧化还原机理所必需的高度氧缺位和流动性质而引起的，即

$$Cat-\square + SO_2 \Longrightarrow Cat-O + SO \tag{1.26}$$

$$Cat-M + CO \Longrightarrow Cat-M-CO \tag{1.27}$$

$$Cat-O + Cat-M-CO \Longrightarrow Cat-\square + CO_2 + Cat-M \tag{1.28}$$

$$Cat-\square + SO \Longrightarrow Cat-O + S \tag{1.29}$$

式中，□表示氧空位。

SO 可以在催化剂表面上迁移，或晶格氧空穴可迁移到邻位上。CeO_2 的高的氧流动性有助于氧在催化剂表面上传递。晶格氧空穴可被含氧的分子如 CO_2 和 H_2O 所占据，从而阻止 CO 在 CeO_2 表面上吸附，引入过渡金属可以提供 CO 的表面吸附点，有利于 CeO_2 表面的还原[53]。

$$Cat-M\cdots CO + Cat-O \Longrightarrow Cat-M + Cat-\square + CO_2 \tag{1.30}$$

添加活性过渡金属于萤石型氧化物中可以明显降低反应的最高转化温度（SO_2 的转化率超过 90% 时的反应温度）并提高催化剂耐 H_2O 和 CO_2 中毒的能力。X 射线粉末衍射分析结果表明，无论是新鲜催化剂还是使用后的催化剂都存在着稳定的萤石型结构和铜微粒；XPS 分析发现，Cu-Ce-O 氧化物中铜是以低价的氧化态（Cu^+ 或 Cu^0）存在取代了 CuO，而 CO 很容易强烈吸附于 Cu^+ 上。

以 CO 作还原剂时，对于用萤石型氧化物催化反应 $2CO + SO_2 \Longrightarrow 2CO_2 + S$ 的过程，反应温度必须高于一定的温度，还原反应才得以进行。陈英[53] 和 Zhu[54] 都认为在 SO_2 和 CO 气氛中，SO_2 和 CO 将竞争地和表面氧反应：表面氧与 CO 反应生成 COS 与晶格氧空穴，而 SO_2 与表面氧反应形成硫酸盐，硫酸盐强烈地配合于催化剂表面，阻碍 SO_2 和 CO 的反应。实验发现，在 500℃ 以下，在 SO_2 气

氛中 CeO_2 表面能完全被硫酸盐覆盖，在 450～500℃以上，才出现硫酸盐（铈）分解放出 SO_2：

$$Cat\text{-}SO_4 \Longrightarrow SO_2 + Cat\text{-}2O \qquad (1.31)$$

而 Cat-2O 易被 CO 还原，因此，在 CeO_2 基催化剂上，反应式（1.19）只有在 450～500℃以上才有明显的发生，或者说，催化剂上硫酸盐的部分分解是 SO_2 和 CO 反应开始的必要条件。过渡金属铜的加入能够提高 CO 的吸附位数量，进而提高了氧化铈的还原性能。

Maria 等人以 CH_4 为还原剂研究了氧化铈及过渡金属掺杂氧化铈的催化活性[55,56]，发现过渡金属铜掺杂的氧化铈对 CH_4 还原二氧化硫具有较高的催化活性，在适当浓度的水和二氧化碳存在下催化活性变化不大。Waqif 指出即使气相中无 O_2 存在，通入 SO_2 后，在 CeO_2 表面上也会形成硫酸盐，包括表面硫酸盐和体相硫酸盐，在 500℃时，在 CeO_2 表面上仍有大量的体相硫酸盐[28]。在催化剂上形成的硫酸盐会在 550℃ 左右分解，这与 CH_4 和 SO_2 之间开始发生反应的 550℃相一致。因此 Cu-La-CeO（或 La-CeO$_x$，CeO_2）在反应

$$2SO_2 + CH_4 \Longrightarrow 2S + CO_2 + 2H_2O \qquad (1.32)$$

中的催化活性取决于金属硫酸盐的稳定性，或 CH_4 和 SO_2 的反应活性受硫酸盐分解的限制。在实验中发现，在 CeO_2 基催化剂上，反应温度低于 550℃时，CH_4 和 SO_2 之间不发生反应，这一反应的最低实现温度要在 600℃以上，影响了其实用价值[57]。

1.3.2.2 国内研究情况

张世超等人对稀土氧化物与烟气中 SO_2 的气固相反应进行了系统的热力学研究，得到了系统化的含硫气体平衡分压曲线[58,59]。热力学计算表明，纯 CeO_2 生成亚硫酸盐反应的 SO_2 平衡分压只有在温度低于 77℃时才可能低于 10.1325Pa，此温度范围与一般湿法吸收 SO_2 的温度范围相同，因此不能采用 CeO_2 生成亚硫酸盐的反应及其逆反应实现再生干法烟气脱硫。随温度升高，亚硫酸高铈 $Ce(SO_3)_2$ 的分解压急剧增大，当温度达到约 100℃时，SO_2 分压即达 101.325Pa。因此，当 CeO_2 与烟道气中的 SO_2 在高于 100℃的温度下反应时，将不会生成亚硫酸高铈。当温度低于 440℃ 时，硫酸高铈 $Ce(SO_4)_2$ 的分解压即低于 10.1325Pa。当烟气中的 SO_2 与 CeO_2 在 100～440℃反应时，将由于生成硫酸高铈而被从烟气中除去。反应生成的硫酸高铈在 715℃时的分解压即达到 1.01325×10^4Pa，在 865℃时的分解压高达 1.01325×10^5Pa，可通过热解硫酸高铈再生 CeO_2，同时得到高浓度的含硫气体。总之，从热力学上讲，可利用 CeO_2 与烟道气中的 SO_2 生成硫酸高铈的反应和其高温下的逆反应，实现固体再生干法脱除烟气中的 SO_2，其吸收 SO_2 反应温度和再生 CeO_2 反应温度分别为 100～440℃和

715～865℃。

在流化催化裂化装置（FCUU）的再生器中使用含铈铝镁尖晶石催化剂可以减少 SO_2 的排放量，朱仁发认为含铈铝镁尖晶石的脱硫活性在铈含量为 8% 左右最大[60]。有氧存在时，样品的氧化吸硫能力比无氧时提高了 4～6 倍，表明氧参与了氧化吸附 SO_2 的反应；铈的引入增加了吸附气相氧的能力，并促进了晶格氧在晶体内的转移，因而大大提高含铈尖晶石的氧化吸硫能力。

烟气中的氧气有助于 SO_2 氧化为 SO_3，可以开发应用于有 O_2 烟道气的脱硫技术研究。这种方法已经在 FCCU 烟道气脱硫过程中实现工业化。催化氧化法烟气脱硫，将 SO_2 选择性氧化为 SO_3，并吸附在氧化物上，该法工艺简单，操作费用较低，是一种有工业化前景的方法。

温斌、贾立山等人通过对铜类复合氧化物（MgAlCu）、铈类复合氧化物（MgAlCe）、铜铈类复合氧化物（MgAlCuCe）吸附 SO_2 容量大小的研究发现[61,62]，以铜铈类复合氧化物吸附 SO_2 的容量和还原再生性能最好。他们还讨论了温度和氧气对复合氧化物催化吸附 SO_2 的影响，认为存在最佳吸附温度，氧气对吸附过程影响在低浓度时会随氧浓度的增加而迅速增多，但氧浓度超过一定数值时，对 SO_2 的吸附影响变得不明显。

1.3.3 载体的选择

在 CuO 和 CeO_2 实际使用过程中，常常将其负载到载体上。载体的机械功用是作为活性组分的骨架[63]，它可以分散活性组分，减少催化剂的收缩并增加催化剂的强度。而大量实验结果表明，载体除了这种纯粹的机械功用以外，还影响催化剂活性和选择性。

一般情况下载体的作用在于改进催化剂颗粒的物理性质，例如，增加活性组分的表面积是明显的例子。但在很多情况下，活性组分附载在载体上后，载体与活性组分之间会发生某种形式的作用，或使相邻活性组分的原子或分子发生变形，以致活性表面的本质产生改变，根据不同情况，载体在催化剂中可以起到以下几个方面的作用：

（1）增加有效表面和提供合适的孔结构，即增大催化剂的活性和选择性。加入载体的结果使活性组分有较大的暴露表面，促使微粒分散强化，增加了比表面积，从而提高本身表面积小的活性组分的催化活性。使用少量的活性组分就能获得同样的表面积和活性，这对于像铂、钯一类的贵金属来说更具有特别意义。

（2）提高催化剂的机械强度。无论是固定床或流化床用催化剂，都要求催化剂具有一定机械强度，而固定床催化剂机械强度的要求随反应器类型和使用条件而异，应考虑催化剂的装填、取出时的磨损，因压力变化引起的破坏，因碳析出引起的粉碎以及由于急冷、受热引起破坏等。机械强度较高的催化剂，可以经受颗粒与颗粒、流体与颗粒、颗粒与反应器之间的摩擦，运输、装填过程的冲击，相变、压力降、热循环等引起的内应力和外应力，而不显著磨损或破碎。固定床催化剂有时用了载体，强度仍然不够，还需用添加黏合剂等方法来强化催化剂。

（3）提高催化剂的热稳定性。氧化反应是放热量比较大的反应，尤其在高空速及高反应物浓度下操作时必须很好地除去反应热，以防止反应热积蓄而引起催化剂烧结。不使用载体的催化剂，活性组分颗粒紧密接触，由于相互作用，会使活性组分颗粒聚集、增大，减少表面积，容易引起烧结，导致活性下降。将活性组分负载在载体上，就能使颗粒分散开，防止颗粒聚集，提高分散度，增加散热面积和导热系数，有利于热量的除去，从而增加催化剂的活性。

（4）提供活性中心。活性中心是催化剂表面上具有催化活性的最活泼区域。发生催化反应时，一个反应物分子中的不同原子可能同时被几个邻近的活性中心所吸附，由于活性中心力场的作用，使分子变形而生成活化配合物，然后活化配合物分子中的键进行改组而形成新的化合物。一般认为，催化剂活性中心的形成与载体的性质无关，但有些载体，尤其是具有固体酸碱结构的载体也可以提供某种功能的活性中心。载体这种提供活性中心的能力，实际上常常与催化剂的多功能催化作用相联系。

1.3.3.1 活性氧化铝载体

γ-Al_2O_3 属于过渡形态氧化铝[64]，为粉状、微球状或柱状灰白色固体。其晶体结构不同于工业氧化铝。γ-Al_2O_3 属于面心立方晶系，与尖晶石（$MgAl_2O_4$）的结构十分类似。在 γ-Al_2O_3 中，只有 64/3 个铝原子分布在 24 个阳离子部位，还有 8/3 个空位。γ-Al_2O_3 的晶体存在无序性，这种无序性主要由铝原子的无序性来决定。正因为铝原子的无序性，控制其制备条件，可制得多种不同比表面积和孔容的 γ-Al_2O_3 产品，因此在催化领域中使用最多。载体孔结构不仅对负载活性组分的分散度有重要影响[65,66]，而且还直接影响着反应过程中的传质与扩散。因此，多相催化剂的活性、选择性和稳定性等催化性能既取决于活性组分的催化特征，又与载体的孔结构有关。γ-Al_2O_3 载体能够负载活性组分主要在于它的多孔结构，孔的来源取决于粒子间的空隙，孔的大小及形状完全取决于粒子大小、形状及堆积方式。一般而言，表面积越大，催化剂的活性越高，所以常把催化剂做成粉末状或分散在表面积大的载体上，以获得高的活性。活性氧化铝宏观性质的分析方法主要有比表面积、孔径分布、孔容量等。这些性质对于实际应用非常重要，可以此来表征活性氧化铝在实际应用过程中的产品性能。

γ-Al_2O_3 载体通常由拟薄水铝石在高温条件下脱水制得[67]。拟薄水铝石（$AlOOH \cdot nH_2O$，$n = 0.08 \sim 0.62$）一般在 450℃ 以上加热脱水后即转变为 γ-Al_2O_3（200℃时，拟薄水铝石转变为薄水铝石）；450℃时，薄水铝石才转变为

γ-Al$_2$O$_3$。拟薄水铝石的常规制备方法有很多种，如酸沉淀法、碱沉淀法、醇铝水解法、碳化法，每种方法所得产品的物性区别也很大。例如，用硝酸制备的拟薄水铝石具有孔径分布窄、成型性能较好的特点，相比于碱沉淀法制备拟薄水铝石，酸沉淀法重复性好、所用原料比较便宜、成本较低、生产效率相对较高、环境污染也较小、制备出的拟薄水铝石比表面积较大，缺点是反应体系稳定性稍差，容易造成产品质量波动，当局部碱性过强时易生成三水合氧化铝。用碱沉淀法在合适的中和条件下则可制备出大孔大比表面积的 γ-Al$_2$O$_3$ 载体，其孔容和比表面积最大可达到 1.2mL/g 和 290m^2/g，缺点是对原料的纯度要求高，要完全除去杂质阴离子较困难。醇铝水解法生产氧化铝成本较高，价格昂贵，目前国内对这种方法的研究和应用很少，而国外常用这种方法。碳化法可制得孔径分布相对较宽的拟薄水铝石，其最大的优势在于以较低的投入能够获得高档次的载体产品，目前国内已有许多铝厂已开始采用碳化法生产氧化铝。

近年来，随着交叉学科知识融合，人们将更多的新技术应用到氧化铝载体的制备[68,69]。如溶胶-凝胶法、超声波分散和化学沉淀相结合的方法等。这些新方法虽然能够制取不同孔结构的氧化铝，但同时也存在一些问题，比如制得的氧化铝粉末粒径分布不均、粒径较大及易团聚等，利用这些新方法制备氧化铝载体仍需深入研究与完善。国内合成拟薄水铝石通常用酸法和碱法（碱法更常用），不可避免地存在酸碱中和反应，且酸碱分解时释放出有害气体，对人体和环境都会造成危害，而且这两种方法的整个工艺流程较多，制备周期较长。大量的工作仍集中在对传统工艺路线（拟薄水铝石脱水法）的改进上，碳化法凭借其自身的诸多优点，已逐步成为工业上生产 γ-Al$_2$O$_3$ 载体材料的主流方法；而溶胶-凝胶法也正得到人们越来越多的重视，是一种非常有发展潜力的方法。

1.3.3.2 二氧化硅载体

SiO$_2$ 也是一种常用的载体材料。在实验室里常用溶胶凝胶法制备 SiO$_2$ 载体，但制备过程难以控制，因而无法获得孔道形状规整、分布均匀的多孔 SiO$_2$ 材料。时培甲分别以硅溶胶、气相 SiO$_2$、介孔 SBA-15 分子筛为载体，采用共沉淀法制备了 Cu/SiO$_2$ 催化剂，含活性组分 Cu 质量分数为 25%[70]。运用 BET、XRD、H-TPR、NH$_3$-TPD 等对催化剂进行表征，结果表明：以硅溶胶和气相 SiO$_2$ 为载体制得催化剂的 Cu 物种分散性较差，以 SBA-15 为载体制得催化剂的 Cu 物种以高度分散的形式存在，且具有较大的比表面积、较低的还原温度和较大的酸量。

1992 年 Kresge 等人首次运用纳米结构自组装技术制备出具有均匀孔道、孔径可调的介孔 SiO$_2$ 分子膜（MCM-41），现今采用多种纳米结构自组装技术合成形状便于剪裁的多孔 SiO$_2$ 材料的方法已经成为当今国际上的一个研究热点。自组装过程的完成一般需要以下三个步骤[71]：（1）通过有序的共价键合成具有确定结构的中间体；（2）通过氢键、范德华力和其他非共价键之间的相互作用形成大的、稳定的聚集体；（3）以一个或多个分子聚集体或聚合物为结构单元，重复组织排列制得所需的纳米结构。如表面活性剂模板法、胶态晶体模板法、乳液模板法、生物模板法等。当 SiO_2 载体骨架中引入一定数量的 Al、Ga、B、Sn 等金属离子后，骨架中的电子受阳离子作用而接近金属离子，使骨架中羟基活化而产生具有一定强度的酸性中心，从而具备了酸催化功能。由于骨架中金属掺杂离子与硅的比例可调节，骨架间阳离子具有可交换性，因此可以通过人为控制介孔材料中酸性中心的强度和数量以及酸碱性能强弱，达到有选择吸附催化外来物质。目前，通过金属离子掺杂改性后的介孔氧化硅材料，可以基本实现氧化还原、氢化、酸性催化、碱催化、卤化、生物催化、聚合和光催化等催化功能。但是金属离子掺杂改性后带来结构的不稳定性和催化剂再生性等问题，有待深入研究。

1.3.3.3　二氧化钛载体

新型 TiO_2 载体是继 SiO_2、$\gamma\text{-}Al_2O_3$ 载体之后又一具有发展前景的载体，其工业化应用对化工、石化、环保、能源等领域都具有十分重要的科学和实际意义。目前 TiO_2 的制备方法很多[72]，大致可以分为气相法、液相法和固相法，其中应用最多的是液相法。液相法合成温度低、工艺简单、设备投资少，是制备纳米 TiO_2 的较理想方法。液相法中，主要有金属醇盐水解法、水热法、溶胶-凝胶法、液相一步合成法以及均匀沉淀法等。溶胶-凝胶法具有合成温度低、产品纯度高、均匀性好、化学成分准确、工艺简单等特点，目前在 TiO_2 的制备方法中应用最广。施岩对制备高比表面积 TiO_2 载体的研究进行了总结[73]，指出采用液相法能够得到纳米级 TiO_2 粉末，且对提高 TiO_2 的比表面积有显著作用，目前还有很多问题有待进一步解决，如介孔结构形成的机理、不同形貌与功能的关系、模板合成法中去除模板剂的最优方法等，最关键的是寻找经济可行的模板剂以突破目前的瓶颈。近年来，人们将溶胶-凝胶法与模板法相结合，改进了 TiO_2 的比表面和孔结构，为 TiO_2 的制备提供了更加优异可行的方法。

1990 年，国际壳牌公司将颗粒 TiO_2 与水和链烷醇胺、氨或可释放氨的化合物混合并捏合，然后挤压成型、干燥、灼烧，可得到比表面积为 $47 \sim 82 m^2/g$ 的 TiO_2 载体，并作为加氢转化、氢化、烃合成反应或废气净化的催化剂载体应用[74]。现在国外以 TiO_2 为载体，制成 Au/TiO_2、Pt/TiO_2、Pd/TiO_2、Ag/TiO_2 等各种催化剂。在国内，关于这方面的研究始于 20 世纪 80 年代初，1984 年沈平生等人首先提出了用 $Ti(SO_4)_2$ 和 NH_4OH 双股并流，并控制一定的 pH 值，制得条状 TiO_2 载体，比表面积达到 $70 \sim 110 m^2/g$。1994 年浙江德清县化工技术开发有限公司开创了一条新的 TiO_2 载体生产工艺路线。它采用了 $Ti(SO_4)_2$ 水解制备方法，得到了价格较便宜的 TiO_2 载体：比表面积不大于 $100 m^2/g$，孔容 $0.3 \sim 0.5 mL/g$，粒度为 $0.542 \sim 0.370 mm(30 \sim 40$ 目$)$，基本解决了 TiO_2 载体成本高、强度差的弱点，但在提高载体的比表面积、强度方面还需做进一步的工作。

1.3.3.4 活性炭载体

活性炭是一种含碳的粉末或颗粒物质[75]，是由生物有机物质（如煤、石油、沥青、木屑等）经炭化和活化得到的疏水性吸附剂，是一种优良的吸附材料。其物理、化学性质稳定，耐酸碱，能经受水湿、高温及高压，不溶于水和有机溶剂，使用失效后可以再生，是一种循环经济型材料。目前，活性炭已广泛应用于环境保护、食品加工、化学工业、湿法冶金、军事化学防护等领域。

活性炭具有发达的孔隙结构和巨大的比表面积，同时还具有吸附、催化性能，既可作为单独的吸附剂进行烟气脱硫，也可作为活性组分的载体使用。当烟气中没有氧和水蒸气存在时，用活性炭吸附 SO_2 仅为物理吸附，吸附量较小[76]；有氧和水蒸气存在时，在物理吸附过程中，还发生化学吸附。这是由于活性炭表面具有催化作用，使吸附的 SO_2 被烟气中的 O_2 氧化为 SO_3，SO_3 再和水蒸气反应生成 H_2SO_4，使其吸附量大大增加。活性炭脱硫反应过程可以分为 3 个步骤：（1） SO_2、O_2、H_2O 从排烟中扩散到活性炭颗粒表面；（2） SO_2、O_2、H_2O 从活性颗粒表面继续向颗粒内部微（细）孔中扩散直至表面吸附部位；（3）在表面吸附部位 SO_2、O_2、H_2O 被吸附、催化氧化及硫酸化。活性炭再生方法可分为加热再生和水洗再生。活性炭也可采用高温水蒸气热解再生，和高温惰性气体再生相比，这种方式具有热解温度低、活性炭消耗量少、解吸出的 SO_2 易于回收且运行操作安全可靠等优点。洗涤再生是通过洗涤活性炭床层，使炭孔内的酸液不断排出炭层，从而恢复炭的催化活性。

活性炭的制备原料十分广泛[77]，主要分为木质类和煤质类原料。木质类原料主要有果壳、农作物秸秆及纸浆废液等；煤质类原料主要有褐煤、无烟煤、焦炭煤、石油沥青焦等。其中煤和椰子壳已经成为目前制造活性炭最常用的原料。就煤基活性炭的制备而言，其制备过程主要是炭化和活化，核心是活化。炭化过程一般在 500～700℃进行，经炭化后就能形成带孔隙的碳结构。而活化一般在 800～900℃进行，在此过程中利用水蒸气、CO_2 或化学试剂对炭进行弱氧化，使得炭表面因受到侵蚀而形成发达的孔隙结构和巨大的表面积。按照不同的活化方式可将其分为：物理活化、化学活化、物理-化学复合活化。

物理活化法是将原料先炭化，再利用气体进行炭的氧化反应，形成众多微孔结构，又称气体活化法。常用气体有水蒸气和二氧化碳，由于 CO_2 分子的尺寸比 H_2O 大，导致 CO_2 在颗粒中的扩散速度比水蒸气慢，因此工业上多采用水蒸气活化法，其工艺特点是活化温度高、时间长、能耗高，但该方法反应条件温和、对设备材质要求不高、对环境无污染。化学活化法是将原料与化学试剂（活化剂）按一定比例混合浸渍一段时间后，在惰性气体保护下将炭化和活化同时进行的一种制备方式。常用的活化剂有碱金属、碱土金属的氢氧化物和一些酸，目前应用较多、较成熟的化学活化剂有 KOH、ZnCl$_2$、H$_3$PO$_4$ 等，其中以 KOH 制得的超级活性炭性能最为优异。复合活化法是将物理活化和化学活化法的优点结合起来而形成的技术，应用于活性炭的制备中。

总的来讲，采用 SiO$_2$ 为载体时，由于其表面硫酸盐的生成反应活性较低，因而表面积不会影响到脱硫活性；与此相反，采用 Al$_2$O$_3$ 和 TiO$_2$ 作为载体样品的表面积对脱硫活性会有显著影响。载体的特性（氧化物的类型、化学组分、孔隙率、比表面积和孔径）、分散的铜物种的量，都是对吸收/催化剂的特性进行优化和流程改善时应考虑的重要因素。与以往的 γ-Al$_2$O$_3$ 载体相比，TiO$_2$ 载体具有比表面积较小、强度差等弱点。对于 CuO 接近单层分散的表面覆盖度情况[78]，Cu 在 SiO$_2$ 上主要以微晶 CuO 颗粒存在，而在 Al$_2$O$_3$ 上则是有表面缺陷的类尖晶石的 CuAl$_2$O$_4$ 相态。干法炭基脱硫技术无论是从技术上还是从经济上来说[79]，都具有良好的发展前景，但在工业化运行过程中还发现一些问题需要改进。比如，由于活性炭硫容较低，需要频繁再生，增加了操作成本，同时，在脱硫和再生过程中，操作不当容易导致反应热的大量蓄积，而烟气中含有 5% 左右的 O$_2$，可能导致活性炭甚至设备的烧毁，因此，要控制反应器内的温度。

1.4　氧化物在载体表面单分子层分布状态研究

众所周知，固体表面组成和结构都与体相不同，处于表面上的原子或者离子表现为配位上的不饱和性，这是由于形成固体表面时被切断的化学键造成的。对于金属氧化物表面而言，其表面被切断的化学键为离子键或强极性键，容易和极性很强的水分子结合，在表面形成大量的酸碱性位，当将其负载在 γ-Al$_2$O$_3$、TiO$_2$、SiO$_2$ 等高比表面积的载体上时，金属氧化物活性组分便会最大限度地分散在载体表面，从而呈现出与体相不同的性质[80]。

单分子层分布在活性组分的分布状态中占有重要的位置，其意义在于每单位数量的活性化合物所暴露出的表面积大，而且载体对催化性能的影响大。通过选择载体，有可能改变这种影响，可以把载体看成是对活性位置提供了某种配位体，而且活性组分呈单分子层分布时往往具有最佳的催化效果[81]。目前，对单分子层分布的研究有以下几种模型。

1.4.1　密置模型

我国学者谢有畅等人运用 XRD、TPR、XPS、LRS、TGA、DTA 等多种实验手段，证实了负载型金属氧化物单层分散的存在，在总结大量实验结果的基础上，提出了金属氧化物在载体表面的密置单层排列模型[82]。该模型认为 O^{2-} 在 γ-Al$_2$O$_3$ 表面形成一个密置单层，而相应的阳离子则占据 O^{2-} 形成的间隙。

从热力学的角度讲[83]，一种物质分散量增大会引起表面积增加，表面自由能增大，通常是不能自发进行的。活性组分本身并不是单独分散，而是分散到高比表面积载体上。这种分散不会使体系（包括活性组分和载体）的总表面积和自由能增加，相反，体系的总自由能还会下降。单层分散的热力学根源在于被分散固体由三维有序的晶相变为二维表面单层分散相，无序度增大，熵总是大大增加（$\Delta S \gg 0$）。同时被分散固体化合物的原子（离子、分子）与载体表面的原子（离子、分子）可形成有一定强度的表面键。只要这种表面键与被分散的固体内部原有的键相比不是特别弱，分散造成的能量变化和焓变（固体反应焓变和能量变化差不多）就不大（$\Delta E \approx \Delta H \approx 0$），体系的总自由能就会降低（$\Delta G = \Delta H - T\Delta S < 0$），因而单层分散是一个热力学自发过程。与氧化物和盐类不同，金属在这些载体表面是难以实现单层分散的，因为金属作为零价状态，与这些载体表面相互作用很弱，远不如金属内部的金属键强，因而金属分散不是自由能下降的热力学自发过程。当氧化物和盐类在载体表面分散时，一般不会超过一层。因为超过一层时，这些氧化物和盐类自身结合成键，不如维持原来的晶相结构稳定。

单层分散态的形成也有其动力学原因和条件。从相平衡观点看，活性组分和载体在一起加热，如果温度足够高，最终会变成一种或几种体内均匀的稳定物相。但所涉及的载体都是结构较稳定的物质，在热处理温度不很高的情况下，载体体相结构不被破坏，只是活性组分与载体表面作用生成单层分散态[84]。热分散过程可分为两步[85]，第一步是这些氧化物或盐类的离子通过热运动离开其晶格表面到达所接触的载体外表面，第二步是这些离子进一步扩散到整个载体的内外表面形成单层。较低熔点的化合物的离子脱离晶格到达载体表面比较容易，因此第一步较快；在载体表面扩散时与载体产生相互作用，不同的分散物与不同载体的作用方式不同，导致不同的临界分散温度，因此第二步较慢，是速度决定步骤。所以低熔点的化合物的分散不但与氧化物或盐类本身有关，与载体也有关，分散难易取决于分散物与载体之间的相互作用。较高熔点的化合物的离子脱离晶格比较困难，在载体表面分散所需的温度较高，第一步较慢，是速度决定步骤；离子脱离晶格后由于处在很高的温度，载体对扩散的影响在很高的温度条件下已经变得微不足道，在载体表面的扩散比较容易，第二步较快。较高熔点的化合物的分散只取决于氧化物和盐类本身，载体的影响可以忽略。

一种固体化合物在一种载体上单层分散有一定的分散容量，也称分散阈值，它取决于载体的比表面及载体表面与被分散化合物的相互作用。当一种晶体化合物在载体上的负载量低于其分散容量时，可全部实现单层分散；当其负载量超过单层分散容量时，单层分散后还有剩余的晶相。通过XRD相定量法可以测得各种体系的单层分散容量。固体化合物在载体上单层分散后，其性质和原来大不相同，往往在负载量靠近单层分散阈值时性质发生突变，也称为阈值效应。这已为X射线衍射（XRD）、电子能谱（XPS）、离子散射谱（ISS）、二次离子质谱

（SIMS）、喇曼光谱（RS）、红外光谱（IR）、核磁共振（NMR）、透射电镜（TEM）、扫描隧道显微镜（SEM）、穆斯鲍尔谱（MS）、差热分析（DTA）及吸附和催化性能等大量实验所证实[86]。单层分散容量（阈值）也可以利用这些性质的变化来测定，但 XRD 相定量法比较简便易行。

覆盖度小于 1 的出现，说明单层分散并不一定是密置单层，更多的情况是未敷满的单层。密置单层模型认为这是因为表面结构的不均匀性，氧化物不占据能量上和几何上很不利的位置。由于活性组分高度分散，这就给观测活性组分的单分子层分布带来了一定的困难，Scheithauer 等人将样品经过特殊工艺处理，采用喇曼光谱技术观察到二维亚单层 La_2O_3 在 γ-Al_2O_3 上的分布[87]。高扬等人采用单分子层密置模型计算了 NiO、CuO、ZnO、Bi_2O_3、MoO_3、Cr_2O_3 等金属氧化物活性组分在 SnO_2 载体表面分布的阈值，与试验测量值相吻合，在焙烧过程中活性组分能够抑制 SnO_2 表面积的减小，并将 SnO_2 颗粒控制在 6nm 左右，而且发现活性组分金属氧化物阳离子价态越高，对载体的稳定效果越强[88]。郭晓红等人根据密置模型原理估算了 Co_3O_4/SiO_2、Cr_2O_3/SiO_2、Co_3O_4/γ-Al_2O_3、Cr_2O_3/γ-Al_2O_3 单层分散的阈值，实验测得的活性组分的负载量小于阈值，说明 Co_3O_4、Cr_2O_3 没有达到完整的单层分布，而同时负载 Co_3O_4、Cr_2O_3 时其分散度变大，表明活性组元之间相互作用使彼此分散得更均匀[89]。

1.4.2 嵌入模型

我国学者陈懿等人对金属氧化物覆盖度小于 1 的催化剂进行研究后，提出了嵌入模型[90]。该模型认为在适当条件下，活性组分在 γ-Al_2O_3 表面分散作用的实质是氧化物的金属阳离子进入载体表面的晶格空位，而与之相伴的氧阴离子则处在这些阳离子占据的位置上，以抵消过剩的正电荷，同时产生屏蔽效应，即遮盖部分表面空位，使其他阳离子不能进入，以致实际上只有部分表面晶格空位可被使用。

一些不同价型的氧化物经约 723K 焙烧后在 γ-Al_2O_3、CeO_2、TiO_2、ZrO_2 等载体上的分散容量可用 XRD、XPS、LRS、IR 等方法测出。由于在选定实验条件下，分散作用是在载体的表面上发生，要定量地解释有关实验事实就必须对载体的表面结构和分散物的本征性质加以考虑。尽管实际使用的氧化物载体无例外地均为多晶，但在一系列载体上有择优晶面存在的事实已广见于文献报道，例如：在 γ-Al_2O_3 上为（110）晶面、CeO_2 上为（111）、锐钛 TiO_2 上为（001）等。假定可以用各载体的择优暴露晶面结构进行讨论，则量化处理就成为可能。为验证这种假定的合理性，先求得 γ-Al_2O_3 的（110）面上化学吸附羟基的密度为 $18nm^{-2}$，且这些羟基分处于六种不同的配位环境，预计应有六个不同特征波数的红外谱峰出现，这些结果与文献报道的 γ-Al_2O_3 多晶上用化学吸附方法所测得的羟基密度（17.5nm^{-2}）以及用 FT-IR 检测到的羟基峰数均相一致；对其他一些氧化物载体上化学吸附羟基峰的分析包括预计在 CeO_2(111)、锐钛 TiO_2(001)、金红石（110）以及 MgO(100) 等择优暴露的晶面上分别应有 2 种、2 种、3 种和 2 种羟基存在，也与文献报道相符。这些结果支持了"嵌入模型"按载体的择优晶面出发进行讨论的假定，在此基础上考虑到分散相的一些本征性质，可以计算一系列离子化合物在不同的氧化物载体上的分散容量，再用实验事实检验这种处理方法的合理性。结果表明，在实验误差范围之内，这种化繁为简的方法确能抓住问题的主要方面，从而能定量地说明不同价型离子化合物在一些氧化物载体上的分散。

假定 γ-Al_2O_3 表面主要为（110）晶面，用该模型估算诸如 Li_2O、NiO、MoO_3 等不同价型氧化物的分散容量（一般讲超过此量会出现氧化物晶相），与实验值基本一致。董林等人采用穆斯鲍尔光谱研究了 Fe_2O_3 附在 γ-Al_2O_3、CeO_2、ZrO_2 和 TiO_2 载体表面的分布情况[91]。γ-Al_2O_3 的暴露晶面是（110）面，而 CeO_2、ZrO_2 和 TiO_2 的暴露晶面是（111）面、（111）面和（001）面。根据嵌入模型载体暴露晶面可用空位的数目，当 Fe_2O_3 附载量超过可用空位数目时，开始有 Fe_2O_3 微晶出现。

徐斌等人在研究 CuO 在 TiO_2 载体表面的分布情况时，应用嵌入模型计算出来的 CuO 负载量与用 XRD 方法测得的负载量一致[92]。他们用纯 TiO_2（锐钛矿）和负载了 CuO 的载体 TiO_2（锐钛矿）在 723K 焙烧后 TiO_2 相的变化证实了活性组分和载体之间的相互作用，发现负载 CuO 的 TiO_2 更容易转变成金红石相，这说明活性组分和载体之间没有生成化合物，嵌入进 TiO_2（锐钛矿）空位的 Cu^{2+} 能够促进 TiO_2 相变的发生。当 TiO_2 表面负载两种活性组分 NiO、WO_3 时[93]，NiO 能够嵌入经 WO_3 改性后剩余的 TiO_2 表面空位中，NiO 的负载量与采用模型计算值是一致的。胡玉海等人用嵌入模型研究了 γ-Al_2O_3 负载 CeO_2 或者 CuO 的分布情况，实验值与理论计算值也有很好的一致性[94]。何杰等人用 X 射线粉末衍射、喇曼光谱、Hammett 指示剂和微反测试等方法考察了负载型 Nb_2O_5/TiO_2 催化剂表面铌氧（NbO_x）物种的分散状态、表面酸性和催化性能，实验测得 Nb_2O_5 在 TiO_2 表面的分散容量为每 $100m^2$$TiO_2$ 0.94mmolNb，与"嵌入模型"理论计算值相近[95]。梅长松研究 Cu/V_2O_5-TiO_2 体系时发现当 CuO 和 V_2O_5 质量分数分别为 1%，和 10% 时未出现 CuO 和 V_2O_5 特征衍射峰，说明 CuO 和 V_2O_5 在 TiO_2 载体上形成单层分散，这种分散态是热力学上稳定状态[96]。钒负载量超过 15%（质量分数）时出现 V_2O_5 晶相峰，说明 V_2O_5 在 TiO_2 载体表面超过单层最大分散量，形成第二相。当 V_2O_5 质量分数小时（小于 10%），钒主要以间隙离子的形式填入 TiO_2 晶格，引起 TiO_2 晶格畸变，晶体对称性降低。

1.4.3 对称模型

按照当前的看法，活性组分在载体上的分散状态可能出现以下三种情况：（1）继续以晶体形态或无定型相的形式保持其化学特性；（2）与载体或添加剂形成化学计量比的化合物；（3）溶入载体形成固溶体。这种观点只提到两种极限情况，应该存在一种中间状态（即单层分散态），它在不太高的温度下是稳定的。此外，还应存在一由状态（1）到单层分散态的临界温度。在此温度及高于此温度的一定范围内，金属氧化物在载体表面形成单层后，不会继续形成第二、三层或以二至三层的厚度分散。这可能是由于在形成单层的过程中 $\Delta G_1 < 0$，而形成二、三层时，$\Delta H_2 > \Delta H_1$ 及 $\Delta S_2 < \Delta S_1$，因而 $\Delta G_2 > 0$。提高温度到金属离子所具有的能量足以克服 $\gamma\text{-Al}_2\text{O}_3$ 的表面势垒时，金属离子便进入 $\gamma\text{-Al}_2\text{O}_3$ 表面的空位形成所谓表面尖晶石结构。故 Mg^{2+} 的单层分散阈值比其他金属离子的略大。在某一临界温度时，Cu^{2+} 更适合位于八面体位置，Cu^{2+} 先占据八面体空隙，此时达到稳定状态，故其阈值接近其他二价离子的一半。但可预料存在一更高的临界温度，在此温度下 Cu^{2+} 进入四面体空隙，形成一个完整的单层。

$\gamma\text{-Al}_2\text{O}_3$ 的表面主要由（110）和（100）面组成，且二者的比表面积分别约为 $40\text{m}^2/\text{g}$ 和 $8\text{m}^2/\text{g}$。在考虑（110）面和（100）面同时作为 $\gamma\text{-Al}_2\text{O}_3$ 表面的情况下提出了表面对称模型[97]，此模型认为分散层中氧离子和金属离子将依据所在表面层中离子排布的对称性分别取相应的排布方式。该模型认为不同价态的金属氧化物活性组分在 $\gamma\text{-Al}_2\text{O}_3$ 表面形成的单层各有其特点，但共同遵守以下原则：

（1）活性组分单层分散在 $\gamma\text{-Al}_2\text{O}_3$ 表面时，其氧负离子的排列将尽量保持与所在表面层的氧负离子相同的排列方式，即当最外层为（110）或（100）面时，其表面上分散单层中的氧负离子骨架将分别采取（110）或（100）面的对称性。

（2）由于分散层与载体的负离子相同，因此分散层中的金属离子将根据所在表面阳离子排布的对称性采取与之相应的排布方式。即当 $\gamma\text{-Al}_2\text{O}_3$ 表面为（110）面的 C-层和 D-层时，其表面上分散单层中金属离子将分别取 C-层和 D-层中阳离子的对称性；而当表面为（100）面时，其表面上分散单层中金属离子也取（100）面阳离子的对称性。

（3）金属离子和氧负离子都对分散单层的结构有影响，即上面提出的两条规则都不是绝对的。由于载体表面结构是一定的，分散单层中的负离子是相同的，且氧离子半径比金属离子大得多，因而氧离子骨架相对于金属离子的排列来说变化较小。但由于氧离子骨架中的空隙是一定的，而金属离子所带的电荷相差很大，因此为了获得一个比较合适（能量较低）的排布状态，必然会导致负离子骨架的变动。

1.4.4 点状和单分子层岛状分布

Bourikas 和 Kordulis 等人认为所谓"单分子层"结构应该是沉积相的孤立点状或者单分子层岛状或者二者同时存在[98,99]。

他们采用平衡—沉积—筛分（EDF）研究了过渡金属氧化物（VO_x、CrO_x、MoO_x 和 WO_x）在 TiO_2 载体表面的分布情况，认为可以实现金属氧化物活性组分的单分子层分布。影响活性组分单分子层分布的因素主要是浸渍液的浓度和 pH 值。在高 pH 值时，活性组分主要以内球状单四面体存在，如 MoO_4^{2-}、CrO_4^{2-}、WO_4^{2-}、VO_4^{3-}。根据它们的形态可将它们分为单齿状和双齿状。这些离子在低 pH 值时能够被质子化，形成质子化的单体粒子，如 $HCrO_4^-$、$H_2VO_4^-$，而且低 pH 值时会导致缺氧体如 CrO_7^{2-}、$V_3O_9^{3-}$，或大的聚合体如 $Mo_7O_{24}^{6-}$、$V_{10}O_{27}^{4-}$、$HW_6O_{20}(OH)_2^{5-}$ 形成[100]。

这样 TiO_2 载体表面正电荷通过静电引力吸附含活性组分的负离子。MoO_x/TiO_2 和 VO_x/TiO_2 体系金属氧化物活性组分的负载量较大，而 WO_x/TiO_2 则相对较少，这是由于前者活性组分主要是以聚合体 $Mo_7O_{24}^{6-}$、$V_{10}O_{27}^{4-}$ 的形态存在，导致活性组分负载量增大，而后者主要是以单体 WO_4^{2-} 形态存在。当活性组分负载量达到一定值后，表面有净负电荷存在，开始抑制活性组分的进一步吸附。

1.4.5 固-固润湿模型

Afanasiev 等人研究了不同制备条件下 MoO_3 在 ZrO_2 表面的分布状态[101]，结果表明，MoO_3 以一种亚稳态的聚合钼酸盐单分子层形态存在。他们从动力学的角度采用固-固润湿模型解释了金属氧化物活性组元单分子层分布的原因。对单一组元而言，由于表面和体相具有相同的化学组成，在烧结过程中表面原子向体相迁移形成饱和的类似球体；对多组元而言，烧结会导致组元的重新分布，一种组元在另一种组元的平衡比例取决于它的标准化学势。Trifiro 研究了 V_2O_5 在 TiO_2（锐钛矿）表面的分布情况后[102]，认为 V^{5+} 在锐钛矿晶粒表面迁移，形成单分子层 V_2O_5，由于 V_2O_5 与锐钛矿晶粒表面强烈的相互作用，V_2O_5 单分子层的性质已经有所改变。在 400～500℃，V^{5+} 被还原到低价态，低价态的 V 离子与锐钛矿晶粒表面强相互作用很可能是由于载体表面锐钛矿晶型向金红石晶型转变所造成的。XRD 表明，V_2O_5 残余晶态消失，以非晶态形式存在，这也是由于固-固润湿作用造成的 V_2O_5 在 TiO_2 表面的迁移。杨玉霞等人在研究 CeO_2-ZrO_2 混合物改性的 TiO_2 载体表面存在萤石结构的 CeO_2 物相时，发现在含 Zr 催化剂上并无 ZrO_2 的任何物相，这是因为离子半径小的 Zr^{4+}（86pm）进入 Ce^{4+}（109pm）的晶格形成了 CeO_2-ZrO_2 固溶体[103]。

Taglauer 等人采用离子散射光谱、离子束分析方法研究了 MoO_3、WO_3、V_2O_5 活性组分在 γ-Al_2O_3、SiO_2、TiO_2 载体物理混合焙烧后表面的分布情况[104]，在实验过程中将活性组分的负载量控制在单分子层含量以下，发现在水蒸气存在的条件下，MoO_3 与表面 γ-Al_2O_3 生成钼酸盐，且随着水蒸气分压的增加，钼酸盐的形成时间会缩短，水蒸气不存在时则没有钼酸盐生成；对 MoO_3 与 γ-Al_2O_3 热处理前后的喇曼光谱分析表明，MoO_3 在 γ-Al_2O_3 表面移动了 $100\mu m$，这种现象是由于一种固体在另一种固体表面润湿所致。同样，MoO_3 在干燥气氛下也不会在 TiO_2（锐钛矿）表面生成钼酸盐，WO_3 在 γ-Al_2O_3 表面，除了大部分转化成化合物外，还有少量 WO_3 相存在，这些都说明水蒸气的存在对活性组分在载体表面呈单分子层状分布是至关重要的。

润湿能够自发产生，热力学条件为界面能 $\Delta F < 0$，简化后得到下式：

$$\gamma_{ag} + \gamma_{as} < \gamma_{sg} \tag{1.33}$$

式中；γ 为表面张力；a、g、s 分别为活性组分、气相、载体。而 γ-Al_2O_3 与 MoO_3 的表面自由能分别为 $90J/m^2$、$6J/m^2$，显然前者远远大于后者，说明润湿现象满足热力学条件。

以上所介绍的单分子层模型都是对活性组分进行处理，使得到的模型可以用来解释活性组元的分布状态。然而随着研究的深入，人们发现载体在一定情况下也会呈单分子层分布。梁健等人制备一系列 Al_2O_3 含量由低到高的 ZrO_2-Al_2O_3 复合氧化物，用 XRD、XPS、BET 进行表征，发现体系中两种组分存在相互表面单层分散，即在一定的相对含量范围内，该体系的任一组分的微粒固溶体都既接受另一组分在其表面上的单层分散，同时也在另一组分的微粒固溶体表面上单层分散。相互单层分散和固溶体的生成都可能使高温焙烧时微粒的增大受到抑制，从而维持了样品的高比表面积[105]。

此外，还有一维链状模型、低聚体模型、二维外延单层模型等[97]。为了从直观上理解活性组分在载体表面的不同分布状态，Inumaru 等人采用图解的方式说明了 VO_x 在不同制作条件下呈微晶、孤立点状和薄表面层分布的区别[106]。这说明不能单纯地依据金属氧化物活性组分和载体的种类来判断前者的分布状态，还要通过实验来证实。

1.5 本书研究内容

从烟气脱硫的发展方向来看，再生式干法烟气脱硫是最有前景的发展方向之一。其中，再生式氧化吸附 SO_2 是一种重要的方法：首先将 SO_2 吸附氧化生成硫酸盐，再用 H_2、CO、CH_4 等还原剂将硫酸盐还原，放出 H_2S、S、SO_2（主要是 SO_2）等，从而将吸附剂再生；也可用 H_2 和 CO 作还原剂还原 SO_2，将 SO_2 直接还原为元素硫。我国开展负载氧化铜、氧化铈烟气脱硫的研究相对于国外来说比较晚，在该方法实用化的过程中还有许多问题尚待解决。如 γ-Al_2O_3 载体参与反应的问题，负载氧化铜、氧化铈脱硫产物的再生问题，氧化铜、氧化铈与 γ-Al_2O_3 载体的相互作用问题等。具体存在的问题如下：

（1）γ-Al_2O_3 载体的影响。目前对 γ-Al_2O_3 载体是否参与吸附剂的脱硫反应有不同的报道，有的报道 γ-Al_2O_3 载体与活性组分同时参与了反应，γ-Al_2O_3 载体参与脱硫反应可以提高脱硫效率，并对如何提高载体参与脱硫反应进行了专门的研究。还有的报道没有考虑 γ-Al_2O_3 载体的影响，仅对活性组分进行研究。

γ-Al_2O_3 载体的影响存在与否在吸附剂的反应动力学研究方面体现得比较明显。有的报道认为可以通过一个积分模型来模拟反应过程；有的报道直接得到活性组分脱硫的动力学模型；也有的研究报道采用粒子模型，通过标准化的方式来消除载体的影响，达到描述动力学过程的目的。从动力学方程的表达来看，同时考虑载体和活性组分反应的动力学模型的主要特点是模型比较复杂，而单纯用活性组分的脱硫反应来描述吸附剂脱硫动力学过程则过于简单化，没有体现出吸附剂脱硫反应的特点。

（2）活性组分负载量的影响。活性组分负载量的大小会影响到活性组分在载体表面的存在状态，进而影响其在脱硫反应中的活性。以往的研究，活性组分的负载量一般默认为5%（质量分数）CuO，没有对负载量大小的变化对脱硫与吸附剂再生的影响做进一步的研究。

（3）吸附剂脱硫反应前后比表面积的变化。有的报道认为吸附剂脱硫后活性组分生成硫酸盐，摩尔体积变大，会导致比表面积变小，实验分析检测结果也证明了这一点；而有的报道吸附剂脱硫反应后比表面积变大，什么原因导致比表面积变大没有给出明确的解释。显然，这是两个截然不同的看法，对吸附剂脱硫反应的一些认识还不够透彻。

本书以 γ-Al_2O_3 为载体，负载氧化铜、氧化铈活性组分制作吸附剂样品。对活性组分与载体的相互关系及活性组分的存在状态进行了研究。同时，改变活性组分的负载量、脱硫温度、水蒸气浓度、SO_2 浓度、O_2 浓度等影响因素，观察吸附剂脱硫活性的大小，确定合适的吸附剂组成，然后以这种吸附剂为研究对象，对脱硫产物、脱硫动力学、吸附剂的再生等方面进行研究。通过这些内容的研究，解决上述提出的问题，为再生干法烟气脱硫的实际应用提供技术上的支持和理论上的依据。

2 吸附剂的制备与表征

2.1 概述

1900 年 Ostwald 给催化剂下的定义是："催化剂是在化学反应中不改变化学平衡而能促进或延缓某一方向反应速度的物质，催化剂在外表上没有变化。"根据这一定义，催化剂在反应后其本身应不起变化。国际纯粹与应用化学联合会（IUPAC）于 1981 年提出，催化剂是一种物质，它能够改变反应的速率而不改变该反应的标准吉布斯自由能变化，这种作用称为催化作用。催化剂具有加快化学反应的速度，不进入化学反应计量，且不改变化学平衡的位置的特点。

在一个总的化学反应中，催化剂的作用是降低该反应发生所需要的活化能，本质上是把一个比较难发生的反应变成了两个很容易发生的化学反应。第一个反应中催化剂扮演反应物的角色，第二个反应中催化剂扮演生成物的角色，所以说从总的反应方程式上来看，催化剂在反应前后没有变化。负载 CuO、CeO_2 是常用的固体催化剂，当 CuO、CeO_2 用作催化剂时，其作用是能提高化学反应速率，而本身结构不发生永久性的改变。

催化剂在实际使用过程中，有时会处于恶劣的环境中，以致其活性会逐渐丧失。经常会发生"中毒"现象。所谓"中毒"是反应物、杂质、生成物吸附在活性中心上或者同活性中心反应，使催化剂的活性下降，它有永久性中毒和可再生性的暂时性中毒。催化剂的毒物往往通过非共享电子对配位于金属离子，即占据了配位座引起的。

CuO、CeO_2 作为催化剂使用过程中容易被 SO_2 中毒。基于这样的事实，可以利用 CuO、CeO_2 除去烟气中的 SO_2，然后将中毒的催化剂在还原性气氛下进行再生，重新利用。因此，CuO、CeO_2 是一种很好的烟气脱硫剂。从 CuO、CeO_2 烟气脱硫的效果来看，是 CuO、CeO_2 吸附烟气中 SO_2 的一个过程。吸附是指当流体与多孔固体接触时，流体中某一组分或多个组分在固体表面处产生积蓄[107]，吸附也指物质（主要是固体物质）表面吸住周围介质（液体或气体）中的分子或离子现象。吸附属于一种传质过程，物质内部的分子和周围分子有互相吸引的引力，但物质表面的分子，其中相对物质外部的作用力没有充分发挥，所以液体或固体物质的表面可以吸附其他的液体或气体，尤其是表面面积很大的情况下，这种吸附力能产生很大的作用，因此工业上经常利用大面积的物质进行吸附，如活性炭、水膜等。吸附物质称为吸附剂，被吸附的物质称为吸附质。

物理吸附与分子在表面上的凝聚现象相似[108]，它是没有选择性的。由于吸附相分子与气相分子间的范德华力，因而可以形成多个吸附层。其吸附热一般小于 17.514kJ/mol(5kcal/mol)，而化学吸附与化学反应相似，吸附作用具有一定的选择性，只有在表面存在剩余价力的活性点处才产生化学吸附，即只限于吸附单分子层。化学吸附需要气体分子在被吸附之前具有足够大的能量，这一能量的低限称为吸附活化能，因此化学吸附通常需要在较高的温度下才能进行。CuO、CeO_2 在烟气脱硫过程中有不同的称谓，一种认为应该称为催化剂，有资料表明[109,110]，从脱硫的机理上来看，CuO、CeO_2 起到了催化氧化的作用，但根据催化剂的定义来看，似乎又不满足；另一种称谓是脱硫剂[111,112]，但脱硫剂的概念太笼统，没有体现出 CuO、CeO_2 烟气脱硫的特点；也有人将其称为催化吸附剂[113]或吸附剂[114]。作者没有过多地研究 CuO、CeO_2 烟气脱硫过程中是否真正地发生了催化作用以及催化过程的中间产物等，而是从 CuO、CeO_2 烟气脱硫前后的化学反应特点出发，将 CuO、CeO_2 统称为"吸附剂"。作者认为，CuO、CeO_2 在实际应用中的称谓应该看其在实际反应过程中所起的主要作用是什么。一般来讲，催化过程中首先要发生吸附过程，转变成生成物后再发生脱附过程。烟气脱硫的主要目的是将 SO_2 吸附固定在 CuO、CeO_2 上，尽量避免发生脱附过程，从这个应用特点来看，主要是利用其吸附的作用，因此，称为吸附剂更贴切一些。CuO、CeO_2 作为吸附剂使用时，在吸附剂的制备、性质的研究方法、表征手段等方面，与其作为催化剂使用有相同之处，因此，书中在介绍 CuO、CeO_2 脱硫的一些特点时，也借鉴了催化剂的相关理论。

2.2　活性组分负载量的测定方法

催化剂主要由活性组分、助剂和载体三部分组成：

（1）活性组分。即主催化剂，是催化剂中产生活性的部分，没有它催化剂就不能产生催化作用。

（2）助剂。本身没有活性或活性很低，少量助剂加到催化剂中，与活性组分产生作用，从而显著改善催化剂的活性和选择性等。

（3）载体。载体主要对催化活性组分起机械承载作用，并增加有效催化反应表面、提供适宜的孔结构，提高催化剂的热稳定性和抗毒能力，减少催化剂用量，降低成本。

负载 CuO、CeO_2 吸附剂的组成与催化剂的组成类似，主要由活性组分 CeO_2、CuO，载体 γ-Al_2O_3 组成，仅在改善脱硫性能的时候添加少量助剂。表面 CuO、CeO_2 烟气脱硫产物硫酸盐摩尔体积与反应前 CuO、CeO_2 相比要增大，而且覆盖在未反应的 CuO、CeO_2 表面，使亚表层的 CuO、CeO_2 不能继续参与反应，导致转化率降低。为了提高 CuO、CeO$_2$ 的活性，CuO、CeO$_2$ 应该在载体表面的分散尽可能最大。另外在保证足够的活性和选择性的前提下，从降低吸附剂成本的角度来讲，也应该使活性组分的利用率最大，要求活性组分在载体表面的分散尽可能地达到最大。分析、测定吸附剂在使用过程中的各种性能变化，并与吸附剂制备科学和技艺知识以及操作经验结合，研究失活原因，为延长吸附剂使用期限，改进已有性能提供依据。

金属氧化物能够在载体表面呈单层分布，这已为 X 射线衍射、电子能谱、喇曼光谱、红外光谱、核磁共振、差热分析等大量实验所证实，分布示意图如图 2.1 所示。单层分散体系都有一个相对固定的最大分散容量，即单层分散阈值。阈值前活性组分全部以单层分散状态存在，阈值后多余的活性组分才以晶态形式出现。由于阈值前后物相结构的变化，体系的许多性质也会在阈值处出现转折，这种现象称为阈值效应。测定分散阈值有多种方法，如射线衍射、XPS、喇曼光谱等，本章采用 X 射线衍射法测量。

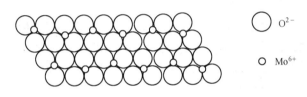

图 2.1　密置单层模型

X 射线是原子内层电子在高速运动电子的轰击下跃迁而产生的光辐射，是一种波长很短（约为 2 ~ 0.006nm）的电磁波，能穿透一定厚度的物质，并能使荧光物质发光、照相乳胶感光、气体电离。晶体可被用作 X 射线的光栅，这些很大数目的原子或离子/分子所产生的相干散射将会发生光的干涉作用，从而影响散射的 X 射线强度。由于大量原子散射波的叠加，互相干涉而产生最大强度的光束称为 X 射线的衍射线。

X 射线入射到晶体上产生衍射的充分必要条件为：

$$2d\sin\theta = n\lambda \quad (\text{Bragg 方程}) \tag{2.1}$$

式中，λ 为入射 X 射线波长；n 为衍射级数；θ 为 X 射线对晶面的入射角；2θ 为衍射角。

$$F(hkl) \neq 0 \tag{2.2}$$

式 (2.1) 确定了衍射方向，在一定的实验条件下衍射方向取决于晶面间距 d，而 d 是晶胞参数的函数，$d(hkl) = d(a, b, c, \alpha, \beta, \gamma)$。

式 (2.2) 表示出衍射强度 I 与结构因子 $F(hkl)$ 的关系，衍射强度正比于 $F(hkl)$ 模的平方，即 $I \propto F(hkl)^2$。当 $F(hkl) \neq 0$ 时，$I(hkl) \neq 0$。$F(hkl)$ 的数值

取决于物质的结构，即晶胞中原子的种类、数目和排列方式。因此决定 X 射线衍射谱中衍射方向和衍射强度的每套 dI 的数值均与某一确定的结构相对应。这是应用 X 射线衍射分析和鉴定物相的依据。

近年来随着 X 射线衍射技术的发展，衍射仪已能提供试样衍射的各种数据，利用 X 射线衍射所得到的数据可进行较为准确的定量分析。X 射线物相定量分析是根据混合相试样各相物质的衍射线强度来确定各相物质的相对含量[115]。根据衍射线强度理论，多相混合物中某一相的衍射强度，随该相的相对含量的增加而增加，但由于试样的吸收等因素影响，一般认为某相的衍射线强度与其相对含量并不成线性关系，而是曲线关系。如果用实验测量或理论分析等办法确定了该关系曲线，就可从实验测得的强度计算出该相的含量，这是 X 射线衍射定量分析的理论依据。

内标法是 X 射线衍射定量分析方法中的一种，该方法的优点是快速简便、实用性强，是目前国内外用得最多的一种方法。20 世纪 70 年代以来，Chung 在内标法的基础上提出基体清洗法（或称 K 值法），并引入了一个重要的新的参量 K，即参比强度[116]。该方法实质就是在测试样品中，加入内标相即参比物质，从而消除基体效应对被测相衍射强度的影响，只要一次测定某两种衍射（i 和 j）的强度，建立被测相质量分数和衍射强度的线性方程，不用做标准曲线，通过数学计算就可得出结果。与内标法相比，基体清洗法省去了做标准曲线，但仍需要加入参比物相。基体清洗法的关键是准确测定混合物中各相的衍射强度，从而求出多相物质中各相的含量。其依据是：混合物中一种物相的百分含量 x_i 与其衍射强度 I 成正比。也就是各物相的衍射强度，随着该相含量增加而增高，但由于各物相的吸收系数 μ 不同，因此对 X 射线的吸收不同，因此衍射强度并不严格地正比于物相的含量。因而不论哪种 X 射线定量相分析方法，均需要加以修正。储刚在基体清洗法的基础上提出一种不需要加入参比相的方法[117,118]。该方法是利用混合样品 X 射线衍射谱图中的全部衍射峰数据，把清洗剂同样品中所包含的所有待测物相的纯相按比例混合，在同一水平下同时测定各物相与清洗剂对应的几个 K 值，结合 JCPDS 卡中的各相标准谱峰的相对强度分布数据进行最小二乘方程组的抛弃平均法回归分析，求得混合物样品中各相间的全谱峰匹配强度比，用于混合物样品的 X 射线衍射定量相分析，有利于提高定量相分析的精度，但该方法的求解计算步骤较复杂。

本书采用基体清洗法测定 CeO_2 和 CuO 在载体 γ-Al_2O_3 表面的分散阈值。

2.3 实验准备

2.3.1 吸附剂的制备

实验原料见表 2.1。

表 2.1　主要实验原料

原　料	生产厂家	备　注
活性氧化铝(γ-Al_2O_3)	中石化	化学纯,比表面积(277.8m^2/g),粒径22μm
硝酸铜($Cu(NO_3)_2 \cdot 3H_2O$)	北京化学试剂厂	分析纯
硝酸亚铈($Ce(NO_3)_3 \cdot 6H_2O$)	北京化学试剂厂	分析纯
SO_2(1.92%)	北京仟禧京城特殊气体销售中心	
O_2	中国科学院电子所	
N_2	中国科学院电子所	
H_2	中国科学院电子所	
Ar	中国科学院电子所	

固体吸附剂的制备方法主要有：浸渍法、沉淀法、混合法、离子交换法等。

（1）浸渍法是将载体放进含有活性物质的液体中浸渍。其原理是活性组分在载体表面上的吸附，毛细管压力使液体渗透到载体空隙内部。该方法可用已成型的载体（如氧化铝、氧化硅、活性炭、浮石、活性白土等），负载组分利用率高，用量少。

1）过量浸渍法。将载体浸入过量的浸渍溶液中（浸渍液体超过可吸收体积），待吸附平衡后，沥去过剩溶液，干燥，活化后再得吸附剂成品。

2）等体积浸渍法。将载体与正好可吸附量的浸渍溶液相混合，浸渍溶液刚好浸渍载体颗粒而无过剩。

3）多次浸渍法。重复多次地浸渍、干燥、焙烧，可制得活性物质含量较高的吸附剂，可避免多组分浸渍化合物各组分的竞争吸附。

4）浸渍沉淀法。将浸渍溶液渗透到载体的空隙，然后加入沉淀剂使活性组分沉淀于载体的内孔和表面。

（2）沉淀法是用沉淀剂将可溶性的吸附剂组分转化为难溶或不溶化合物，经分离、洗涤、干燥、煅烧、成型或还原等工序，制得成品吸附剂。

（3）混合法是直接将两种或两种以上物质机械混合，具有设备简单，操作方便，产品化学组成稳定的优点，但活性组分的分散性和均匀性较低。

（4）离子交换法是利用离子交换的手段把活性组分以阳离子的形式交换吸附到载体上，适用于低含量、高利用率的贵金属催化剂。

焙烧过程对吸附剂的宏观结构有很大的影响，在吸附剂设计中要获得希望的宏观结构的产品，选择好焙烧温度、焙烧时间及焙烧气氛非常重要。焙烧温度对载体孔结构的影响还表现在烧结上，烧结是一个复杂的过程，是固体微晶或粉末加热到一定温度范围而黏结长大的过程，往往可能连续或同时发生多种类型的物质迁移。当焙烧温度低于 Tamman 温度之前，再结晶过程占优势，离子、原子或分子在表面处于迁移阶段，使表面处于活泼状态，在这一阶段焙烧孔径有所增加，总孔容略有减少；而达到 Tamman 温度之后，则烧结过程占优势。对于某些活性要求不太高，但强度要求高的情况下，可以在焙烧过程中有意使催化剂部分烧结，以提高其机械强度。另外，对于某一物料、对某一孔容可能具有某一最适合的焙烧温度，而对某一比表面又可能有另一最适合的焙烧温度，这在吸附剂设计中要综合起来考虑。

作者采用过量浸渍法制备 $CuO/\gamma\text{-}Al_2O_3$。将一定量的 $\gamma\text{-}Al_2O_3$ 浸入配制好的 $Cu(NO_3)_2 \cdot 3H_2O$ 溶液中，室温静置 1h，然后在 90℃ 边蒸发边搅拌，待水分蒸干后将样品放入烘箱 120℃ 烘干 24h。取出样品后放入马弗炉 450℃ 静态气氛下焙烧 5h，使 $Cu(NO_3)_2$ 转变成 CuO。得到不同 CuO 含量的 $CuO/\gamma\text{-}Al_2O_3$ 样品。其中 CuO 和 $\gamma\text{-}Al_2O_3$ 质量比分别为 0.03、0.05、0.07、0.1、0.12、0.15、0.2、0.25、0.3、0.35、0.4、0.5、0.55，为简单起见，分别记做 0.03CuAl、0.05CuAl、0.07CuAl 等。采用同样的方法制作 $CeO_2/\gamma\text{-}Al_2O_3$ 样品，分别简记为 0.01CeAl、0.02CeAl、0.03CeAl 等。

参比物质要选择适当，其标准是耐研磨、稳定、容易得到，具有较好的峰形，制样时不会产生择优取向，在选择相定量分析的峰时，应选择强度大、不重叠、与待测组分的峰临近，其衍射线尽可能不与其他物相合。陆金生曾对 28 种物质做过这方面的实验[119]，并将强度下降不大于 10%，相对标准偏差小于 2% 的耐研磨材料作为理想的参比物质，如 $\alpha\text{-}SiO_2$、TiO_2、KCl、$NaCl$、NH_4Cl、Fe_2O_3、Fe_3O_4、ZnO、MgO、NiO 等。作者分别选用 NiO、KCl 作为测定 CeO_2 和 CuO 分散阈值的参比物。称取 1/4 质量的 NiO 分别与 $CeO_2/\gamma\text{-}Al_2O_3$ 吸附剂混合并研磨均匀，再称取 1/4 质量的 KCl 分别与 $CuO/\gamma\text{-}Al_2O_3$ 脱硫剂混合并研磨均匀，制得带参比物的样品。

2.3.2 实验设备选择

在自制热重天平上进行恒温状态下热重实验，详见 3.2 节。试验气氛为模拟烟气化学成分，其中：SO_2 体积分数为 0.1% ~ 0.9%，O_2 体积分数为 5%，H_2O 体积分数为 3%，其余为 N_2。测试温度范围为 300 ~ 600℃。

分析检测设备为：（1）日本理学 D/max-RB X 射线衍射仪测定衍射强度，CuK_α 辐射，闪烁计数器前加石墨单色器，管压 40kV，管流 100mA，测角仪半径为 185mm。每个样品填入深度为 0.5mm 的玻璃试样架中，表面用光滑的平板玻璃压实。采用 $\theta \sim 2\theta$ 步进扫描方式，步长 0.1°，衍射范围为 $10° \leqslant 2\theta \leqslant 80°$。（2）JSM-5800 型扫描电镜。（3）Autosorb-1C 型程序升温化学和物理吸附分析仪。（4）VG Scientific ESCALab220i-XL 型光电子能谱仪分析，激发源为 AlK_α X 射线，功率约 300W，分析时的基础真空为 $3 \times 10^{-7}Pa$（$3 \times 10^{-9}mbar$），电子结合能用污染碳的 C1s 峰（284.8eV）校正。（5）美国 Nicolet Impact 870 型红外光谱仪，KBr 压片。

2.4 吸附剂的表征

2.4.1 γ-Al₂O₃ 物相及形貌分析

表征氧化铝活性特征的主要指标为孔容和比表面积，通过在原料配比、助剂选择、成型工艺、烘干及活化焙烧工艺等方面严加控制，保证和提高氧化铝的孔容和比表面积。氧化铝水合物的焙烧过程是一个复杂的物理化学过程，它的焙烧温度决定了氧化铝的最终化学含水量，而升温过程又影响到氧化铝的相变过程，图 2.2 所示为工业 γ-Al₂O₃ 不同温度下的比表面积[120,121]。

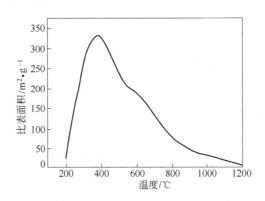

图 2.2　焙烧温度对工业 γ-Al₂O₃ 比表面积的影响

由图 2.2 可以看出，在 400℃ 下焙烧由于形成新的 Al₂O₃ 微晶的"再结晶"过程，使 Al₂O₃ 的比表面迅速增加。经活化焙烧的 Al₂O₃ 在 400℃ 左右比表面积达到最大值，其后随着活化温度的升高，比表面积呈下降势。其原因是在焙烧过程中，氧化铝晶体中的原子排列不断地有序化，并最终转变为稳定相氧化铝，其比表面积的变化主要是相变引起的。

图 2.3 所示为拟薄水铝石经 450℃ 焙烧后产物的 XRD 图谱。

由图 2.3 可以看到，在 2θ 为 46.1°、66.4° 处有比较弱的衍射峰，表明 γ-Al₂O₃ 的结晶度较差，γ-Al₂O₃ 的烧结影响不明显。

一般而言，表面积越大吸附剂的活性越高，所以常把吸附剂做成粉末状或分散在表面积大的载体上，以获得高的活性，但并非在任何情况下吸附剂的表面积越大越好。例如，催化氧化为放热反应，如果吸附剂的表面积大，则单位质量吸附剂的活性高，这样的单位容积反应器内，单位时间反应量就很大，使反应装置中的热平衡遭到破坏，造成高温或局部高温，甚至发生事故。此外，由于表面积和孔结构是紧密联系的，比表面积大则意味着孔径小、细孔多，这样就不利于内扩散，不利于 SO₂ 分子扩散到吸附剂的内表面，所以对于负载氧化铜、氧化铈烟气脱硫反应来说，为了便于 SO₂ 分子的扩散，这类反应须控制吸附剂的比表面

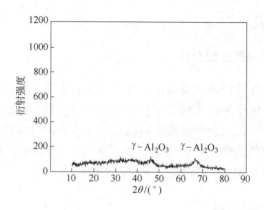

图 2.3 γ-Al₂O₃ 的 XRD 分析

积，选择一些中等比表面积或低比表面积的载体。

活性氧化铝实际上是由比它小几个数量级的微粒子凝聚而成，而微粒子又是由比它更小的一次粒子聚结而成的聚结体，同时在聚结体内形成大小不等的微孔[122]。因此活性氧化铝的孔可分成三种类型，即微粒子晶粒间孔、聚结微粒子的一次粒子的晶粒间孔以及氧化铝产品成型时形成的缺陷孔。因此可以说粒子间的空隙就是氧化铝孔的来源，进一步讲孔的大小及形状完全取决于粒子大小、形状及堆积方式。通常活性氧化铝的大孔（微米级）是参与反应物质进入催化剂内部的通道；而具有丰富表面积的小孔或中孔才是吸附反应的发生地点。

图 2.4 所示为不同放大倍数的 γ-Al₂O₃ 扫描电镜图像。

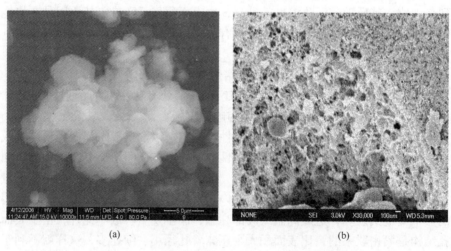

(a)   (b)

图 2.4 不同放大倍数的 γ-Al₂O₃ 扫描电镜图像

（a）γ-Al₂O₃（×5000）；（b）γ-Al₂O₃（×30000）

从图2.4(a)中可以看出，$\gamma\text{-}Al_2O_3$ 为 15μm 左右的颗粒状聚集物。从图2.4 (b)中可以看到一部分原来为水所封锁的表面下面，有许多大孔和中孔的存在。孔隙的大小与粒子的大小及聚集紧密有关，大粒子聚集成粗孔，小粒子聚集成细孔，故物质的分散度与孔结构有密切的关系，分散过程影响着造孔的结果。为此，在制备过程中的某一阶段必须控制分散度。

基于对活性氧化铝孔产生的认识，提出氧化铝孔结构的网络模型[63,122]，如图2.5所示，即氧化铝的大、中、小孔的存在形式：微粒子间的孔道形成大孔，一次粒子聚结形成大小不等的微孔或中孔（小于 2nm 或 2～3nm）。微粒子间的大孔网络相互连通并贯穿整个载体颗粒，即大孔之间相互连通，并不是随机分布于小孔之间。

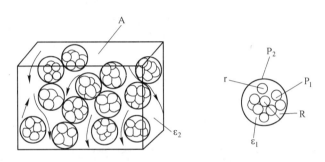

图2.5 氧化铝粒子堆积示意图

A—分散介质；P_1——一次粒子；P_2—二次粒子；r——一次粒子半径；R—二次粒子半径；

ε_1——一次粒子晶粒间孔；ε_2—二次粒子晶粒间孔

总的来讲，大部分学者均强调脱硫剂载体的高比表面积[111]。虽然比表面积越高，载体表面所担载的氧化铜活性相越多，脱硫剂理论硫容也就越大。但是，比表面积的提高必然会导致载体机械强度降低，尤其是孔径减小。我们知道，气体孔扩散分为常规扩散、努森扩散和表面扩散三种。前两种扩散常以扩散气体分子的平均自由程与孔径大小之比来区分，当自由程小于孔径时为常规扩散，否则为努森扩散。而表面扩散指的是吸附在空壁上的分子运动产生的质传递，该扩散速度远远弱于前两者。载体内孔表面发生脱硫反应的前提条件之一是氧和二氧化硫能够及时扩散到内孔表面上。也就是说，必须解决气固反应中气态反应物的质量传递问题。另外，氧和二氧化硫平均自由程的数量级为 10^{-8} m，即几十纳米，而通常所用氧化铝载体的孔径分布在 20～100nm 之间。可见二者大小相差无几，这说明脱硫剂内气体扩散以努森扩散为主。不过，同温同压下，气体的常规扩散系数是努森扩散系数的 10^2～10^4 倍。也就是说，气体如果以努森扩散为主要形式向内孔表面输送气态反应物，将势必严重制约脱硫剂内表面的气固反应速度。因此，应该在提高脱硫剂内表面反应活性的同时，还要考虑气固脱硫反应中气体孔扩散动力学问题。即不能片面地以高比表面积作为氧化铝载体取舍的唯一标准，还要把氧和二氧化硫气体孔扩散联系起来。这样，所选择的脱硫剂才会既有高硫容，又有良好的宏观反应动力学特性。

2.4.2 $CeO_2/\gamma\text{-}Al_2O_3$ 物相及形貌分析

图 2.6 所示为 NiO、CeO_2、$\gamma\text{-}Al_2O_3$ 三种纯净物质的 XRD 图谱。从图 2.6 中可以看出 NiO 的特征峰是 43.3°，CeO_2 的特征峰是 28.5°，二者没有重叠，且 NiO 的衍射峰少，适宜作参比物。$\gamma\text{-}Al_2O_3$ 的衍射峰为 45.6°和 66.5°。

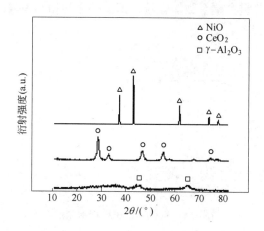

图 2.6   NiO、CeO_2、$\gamma\text{-}Al_2O_3$ 的 XRD 图

图 2.7 是不同 CeO_2 负载量的 $CeO_2/\gamma\text{-}Al_2O_3$ 和 NiO 研磨后的 XRD 图。从图 2.7 中可以看出，对于 CeO_2 的负载量为 0.09CeAl 的样品，其对应的 XRD 图谱中没有出现晶相 CeO_2 特征衍射峰，说明样品中铈物种主要以高分散状态存在；当 CeO_2 的负载量达到或超过一定含量时，XRD 图谱中可以观察到晶相 CeO_2 的 2θ 为 28.5°的特征衍射峰。说明 CeO_2 在 $\gamma\text{-}Al_2O_3$ 载体表面超过最大分散量，部分以晶相 CeO_2 的形式堆积在载体表面。随着 CeO_2 含量的增加，CeO_2 的特征峰强度也会升高。

设 W 为 CeO_2 的总含量（g），W_c 为晶态 CeO_2 的质量（g），W_R 为参比物的质量（g），$W_{Al_2O_3}$ 为 $\gamma\text{-}Al_2O_3$ 的质量（g），I 为 XRD 谱线强度（其下标有相应的含意）。

根据基体清洗理论有下式：

$$\frac{W}{W_R} = K \cdot \frac{I_{CeO_2}}{I_{\text{参比物}}} \tag{2.3}$$

令
$$C_1 = \frac{W_c}{W_{Al_2O_3}}, \quad C = \frac{W}{W_{Al_2O_3}} \tag{2.4}$$

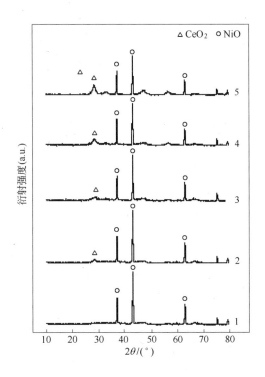

图 2.7 不同 CeO_2 含量的 CeO_2/γ-Al_2O_3 和参比物 NiO 研磨后的 XRD 图

1—0.09CeAl + NiO；2—0.15CeAl + NiO；3—0.25CeAl + NiO；

4—0.35CeAl + NiO；5—0.45CeAl + NiO

则
$$C_1 = K \cdot \frac{I_{CeO_2}}{I_{参比物}} \cdot \frac{W_R}{W_{Al_2O_3}} = KA \qquad (2.5)$$

其中
$$A = \frac{I_{CeO_2}}{I_{参比物}} \cdot \frac{W_R}{W_{Al_2O_3}}$$

根据单层分散理论：

$$C = C_1 + C_0 = KA + C_0 \qquad (2.6)$$

以 C 对 A 作图，应得到一条直线，直线的截距即为单层分散的阈值 C_0。

经 XRD 测定得到的 CeO_2 含量和 A 的关系如图 2.8 所示，相关系数是 0.994，测得的分散阈值 C_0 为 0.125g/g。

XRD 定性鉴定表明，在 450℃ 焙烧得到的 CeO_2/γ-Al_2O_3 样品中铈氧化物的物相为 CeO_2（见图 2.9）。为对比研究 CeO_2/γ-Al_2O_3 中 CeO_2 的存在状态，采用机械混合法另外制备了一个 CeO_2 与 γ-Al_2O_3 的混合物样品，其中 CeO_2 的含量为 0.03g/g，其 XRD 图谱如图 2.10 所示[123]。

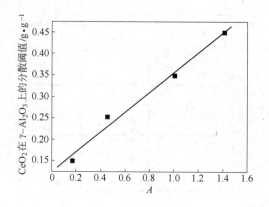

图 2.8 　CeO$_2$ 在 γ-Al$_2$O$_3$ 上分散阈值的 XRD 测定

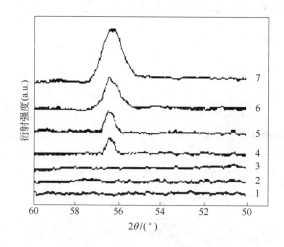

图 2.9 　采用浸渍法制备的 CeO$_2$/γ-Al$_2$O$_3$ XRD 图

1—0CeAl；2—0.03CeAl；3—0.103CeAl；4—0.138CeAl；

5—0.206CeAl；6—0.251CeAl；7—0.276CeAl

　　由图 2.9 可见，用浸渍法制得的低 CeO$_2$ 含量复合微粉的 CeO$_2$/γ-Al$_2$O$_3$ 衍射图与纯 γ-Al$_2$O$_3$ 图谱几乎完全一样，没有 CeO$_2$ 晶相的（311）面衍射峰。这说明浸渍、焙烧得到的 CeO$_2$ 在低含量时能以某种非晶态状态存在于 γ-Al$_2$O$_3$ 表面。根据单层分散理论，此时 CeO$_2$ 处于单层分散状态。当 CeO$_2$ 含量较高时，除单层分散相外，还有剩余晶相，因此能显示出 CeO$_2$ 晶相的（311）面衍射峰。

　　从图 2.11 的扫描电镜图谱可以看出，低负载量时 CeO$_2$ 在载体表面分布均匀，负载量超过单层分散阈值后可以观察到微晶状态存在的 CeO$_2$ 吸附剂。吸附剂表面金属氧化物分布均匀，这样有利于在烟气经过吸附剂的过程中与 SO$_2$

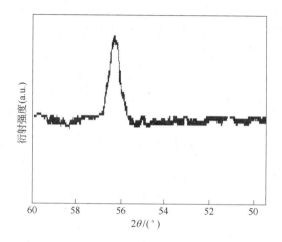

图 2.10　CeO$_2$ 与 γ-Al$_2$O$_3$ 机械混合样品的 XRD 图

起反应，达到快速脱硫的目的。由于载体表面吸附大量的水，没有看到孔隙的存在。

(a)　　　　　　　　　　　　　　　(b)

图 2.11　不同负载量的 CeO$_2$/γ-Al$_2$O$_3$ 扫描电镜图谱
（a）0.03CeAl；（b）0.3CeAl

2.4.3　CuO/γ-Al$_2$O$_3$ 物相及形貌分析

图 2.12 所示为不同 CuO 含量的 CuO/γ-Al$_2$O$_3$ 吸附剂与 KCl 机械混合后的 XRD 图，出现了两个 CuO 的晶相衍射峰。从图 2.12 中可以看出，当 CuO 的负载量小于某一分散阈值时，在 2θ 为 35.5°和 38.7°处没有观察到晶相 CuO 的特征衍

射峰, 说明此时样品中的铜物种主要以高分散状态存在; 而当 CuO 的负载量进一步增加时, 在相应的 XRD 图谱中则出现了晶相 CuO 的特征衍射峰, 且随着 CuO 负载量的增加, 衍射峰强度增大。

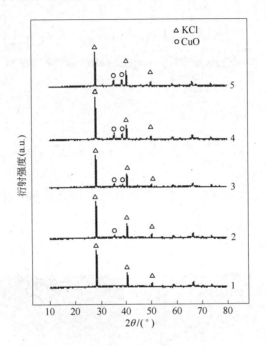

图 2.12　CuO/γ-Al$_2$O$_3$ 的 XRD 图

1—0.2CuAl + KCl; 2—0.35CuAl + KCl; 3—0.4CuAl + KCl;
4—0.50CuAl + KCl; 5—0.55CuAl + KCl

CuO 在 γ-Al$_2$O$_3$ 载体表面分散阈值可由图 2.13 计算, 得到 CuO 的分散阈值为 0.275g/g。在分散阈值以下, CuO 呈高度分散状态, 此时 CuO 具有很高的活性。

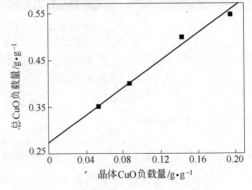

图 2.13　XRD 定量分析 CuO 负载量

为了验证这一点，制备 0.1g CuO 与 1g γ-Al$_2$O$_3$ 物理混合的样品（0.1CuAl），然后做 XRD 分析，如图 2.14 所示，可以清晰地看到 CuO 的衍射峰和微弱的 γ-Al$_2$O$_3$ 衍射峰。表明采用机械混合的方法制备的 0.1CuAl 吸附剂，CuO 仍以微晶状态存在，而采用浸渍法制备的 0.1CuAl 吸附剂中，CuO 在载体表面呈高度分散状态分布。

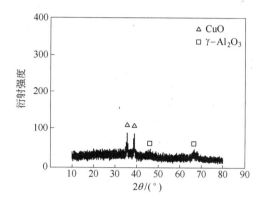

图 2.14　0.1CuAl 的 XRD 图

从图 2.15 可以看出，低负载量时 CuO 在载体表面分布均匀，负载量超过单层分散阈值后可以观察到微晶状态存在的 CuO 吸附剂。吸附剂表面金属氧化物分布均匀，这样有利于在原始气经过吸附剂的过程中与 SO$_2$ 起反应，达到快速脱硫的目的。由于载体表面吸附大量的水分，并没有看到孔隙的存在。

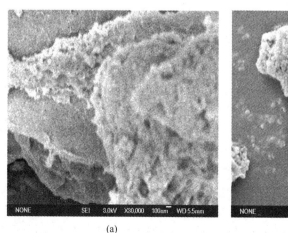
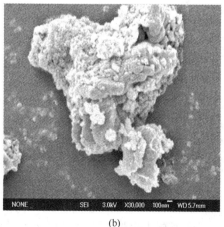

(a)　　　　　　　　　　　　　　(b)

图 2.15　不同负载量的 CuO/γ-Al$_2$O$_3$ 吸附剂扫描电镜图谱

（a）0.12CuAl；（b）0.5CuAl

2.4.4　CuO/γ-Al₂O₃、CeO₂/γ-Al₂O₃ 程序升温还原分析

2.4.4.1　载体与活性组分的相互作用

载体不但具有良好的物理性能满足吸附剂的需要，而且可能与活性物质发生相互化学作用而影响活性组分的性能。这种金属-载体的相互作用可在吸附剂制备的各个步骤中发生，和吸附剂制备中所用的活性组分和载体的组成、活性组分的加入方法以及焙烧和还原过程等因素是密切相关的。载体与活性组分的相互作用主要有以下几种类型[63]：

（1）载体与活性组分相互作用使活性物质的几何构型发生变化。多位理论认为可用表面几何构型和催化作用中有关分子的匹配来考虑催化反应的可能性。不同的晶面能提供不同的配位格点数，因此可以预料有不同的活性。一般地说，当活性物质和载体能相互作用时，总有分子规模上的几何构型效应或电子转移效应的可能性。

（2）载体与活性物质相互作用是发生在合金中或两种金属的固溶体中，其中无活性的金属（即载体）能影响活性物质的特性。

（3）相互作用通常包括因活性物质和载体之间的相互化学反应而造成的减活。

（4）活性物质与载体间的相互作用是建立在某种吸附气体能在表面上从活性物质转移到载体，这种现象也称为"溢出"。

（5）金属与载体之间的强相互作用。金属氧化物表面主要组成为氧原子和羟基及少量裸露金属原子。这些物种的化学性质以及它们和金属原物种的相互作用形式是和电荷的定域程度密切相关的。氧的负离子起路易斯（Lewis）碱作用，金属的正离子起路易斯酸的作用，而羟基既可以是酸也可以是碱。酸和碱中心的强度及表面浓度明显地取决于 M—O 键的本质。酸性氧化物主要为共价键而碱性氧化物则为离子键。

2.4.4.2　程序升温还原分析

程序升温还原法（temperature programmed reduction，TPR）是研究负载型金属催化剂中金属氧化物之间或金属氧化物与载体之间相互作用的有效方法。程序升温还原法（TPR）是在程序升温脱附（TPD）的基础上发展起来的一种在等速升温的条件下进行的还原过程[124]。在升温过程中如果试样发生还原，气相中的氢气浓度随温度变化而发生浓度变化，把这种变化过程记录下来就得到氢气浓度随温度变化的 TPR 图。它可以提供负载型金属催化剂在还原过程中金属氧化物之间或金属氧化物与载体之间相互作用的信息。一种纯的金属氧化物具有特定的还原温度，可以利用此还原温度来表征该氧化物的性质。氧化物中引进另一种氧化物，两种氧化物混合在一起，如果在 TPR 过程中每一种氧化物仍保持自身的

还原温度不变，则彼此没有发生相互作用。反之，如果两种氧化物发生了固相反应的相互作用，氧化物的性质发生了变化，则原来的还原温度也要发生变化。

TPR 分析的方法是使氢气-惰性气体（氦除外）的混合物（一般 H_2 在 5% 左右），依次通过第一个热导池鉴定器、线性温度程序控制炉中的催化剂样品、一个能收集催化剂还原时所有气体产物的吸收阱，第二个热导池鉴定器[125]。当发生催化剂还原而消耗氢的时候，热导池将不平衡，一个正比于样品入口和出口之间氢浓度差值的信号就被记录器记录下来。如果气体流速不变，则此差值正比于氢的消耗，即正比于催化剂的还原速度。

TPR 法分析测试过程中，在气相氢气浓度发生变化的时候，金属氧化物的质量同时也发生变化。热重法（TG）是在程序控制温度下，测定物质质量变化与温度联系的一种技术。根据质量变化可以推算出反应前后氢气浓度的变化，从另一种角度讲，热重法（TG）能够达到 TPR 法分析的效果。

A　$CuO/\gamma\text{-}Al_2O_3$ 吸附剂 TPR 分析

为了了解不同 CuO 含量脱硫剂的还原性能，对非负载 CuO、0.1CuAl、0.5CuAl 变温情况下的还原性能进行了试验，如图 2.16 所示。非负载 CuO、0.1CuAl 的 TPR 还原温度范围分别为 290～380℃ 和 420～690℃，而 0.5CuAl 则有两个还原温度范围，分别为 210～300℃ 和 410～730℃。还原反应的方程式为：

$$CuO + H_2 \Longrightarrow Cu + H_2O \tag{2.7}$$

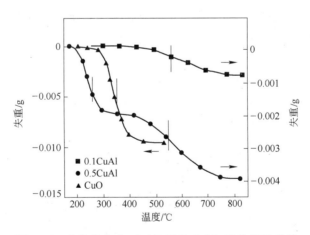

图 2.16　非负载 CuO、0.1CuAl 和 0.5CuAl 的 TPR 曲线

对非负载 CuO 而言，还原曲线表明在 210℃ 就开始出现了还原，较快的失重表明还原速度较快，说明非负载的 CuO 容易被还原。在低载铜量和低焙烧温度下[126]，铜与氧化铝载体之间发生强相互作用生成一种无定型表面尖晶石型的表面物质，该物质结构与铝酸铜有些相似，不同的是前者由 XRD 检测不到，而后者是晶态物质，具有相应的 X 射线衍射峰。Cu^{2+} 具有 $3d^9$ 电子层结构，当配位体

或氧离子构成晶体场存在时，*d-d* 跃迁会出现在可见光或近红外区。对八面体环境而言，跃迁出现在 1250~1667cm^{-1} 区域，具体频域取决于晶体场强。而四面体环境，跃迁位于 625~769cm^{-1}。根据以上原理，FTIR 和 XRD 分析认为，绝大部分 Cu^{2+} 处于八面体中，不像 $CuAl_2O_4$ 约 60% 的 Cu^{2+} 处于四面体中，40% 的 Cu^{2+} 位于八面体中。在较低 CuO 含量下，"表面尖晶石"相（类似 $CuAl_2O_4$）占主要地位，大部分 Cu^{2+} 位于变形八面体位置。由于强烈的相互作用这些 Cu^{2+} 很难被还原为 Cu^0。从 0.1CuAl 的 TPR 曲线可以看到 420℃ 开始出现 Cu 离子的还原，对应的较高还原温度 570℃ 表明较低含量的 CuO 不易被还原。当 CuO 含量超过单层负载量后，载体表面会形成 CuO 微晶，0.5CuAl 的曲线表明该脱硫剂表面 CuO 以两种不同的状态存在 $Cu^{2+} \rightarrow Cu^0$ 还原；或者对单一的 Cu^{2+} 相有两个还原过程（$Cu^{2+} \rightarrow Cu^+ \rightarrow Cu^0$）。Bond 认为没有证据表明负载的 Cu^{2+} 还原过程经历 Cu^+ 的中间产物[127]。曲线的第一次失重是 $\gamma\text{-}Al_2O_3$ 载体表面 CuO 微晶的还原曲线，该 CuO 微晶颗粒小，比非负载的 CuO 的还原温度要低一些。第二次失重为 $\gamma\text{-}Al_2O_3$ 载体表面变形八面体位置的 Cu^{2+} 还原为 Cu^0 的过程，可以看出该过程对应的还原温度与 0.1CuAl 的还原温度差不多。900℃ 以上煅烧会使表面物质转化成团状四面体晶型的 $CuAl_2O_4$，此时，Cu 为 +1 价，由于 0.5CuAl 焙烧温度为 450℃，因此不会产生四面体晶型的 $CuAl_2O_4$，也就不会有 Cu^+ 出现。该试验表明载体与 CuO 的作用可以影响 CuO 的还原温度。Waqif 认为活性中心不是类团状氧化铜，更不是团状氧化铜，而最有可能是氧化铜与氧化铝载体相互作用形成的无定型表面物质[28]。限于实验手段，目前还是无法弄清楚该相互作用产物的详细结构。

B　$CeO_2/\gamma\text{-}Al_2O_3$ 吸附剂 TPR 分析

不同 CeO_2 负载量的 $CeO_2/\gamma\text{-}Al_2O_3$ 吸附剂的 TPR 试验结果如图 2.17 所示。

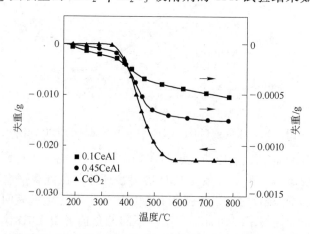

图 2.17　非负载 CeO_2、0.1CeAl 和 0.45CeAl 的 TPR 曲线

0.1CeAl 吸附剂对应的还原温度为 390~510℃，0.45CeAl 和 CeO$_2$ 对应的起始还原温度分别为 380~530℃ 和 350~550℃。CeO$_2$ 在 H$_2$ 下还原的反应方程式为：

$$2CeO_2 + H_2 \rule[0.4ex]{1cm}{0.4pt} Ce_2O_3 + H_2O \tag{2.8}$$

这三种吸附剂的导数热重分析（DTG）所对应的还原温度大约为 450℃，基本相同。这表明 CeO$_2$ 可能以同一种状态存在，这与 CuO 在 γ-Al$_2$O$_3$ 载体表面的负载状态有很大的不同。Shyu 在对非负载的 CeO$_2$ 进行 TPR 研究后发现有三个还原峰，即 450℃、580℃、800℃，而且 450℃ 的还原峰最高，从而得出结论认为 CeO$_2$ 是分阶段还原的[128]。负载 CeO$_2$ 的 TPR 实验表明有五个还原峰，其对应的温度分别为 300℃ 以下、410℃、600℃、720℃、800℃。作者认为 CeO$_2$ 与 γ-Al$_2$O$_3$ 载体相互作用后，在载体表面共有三种状态：CeAlO$_3$ 前驱体、CeO$_2$ 微晶、CeO$_2$ 晶粒。但也有人认为 CeO$_2$/γ-Al$_2$O$_3$ 还原峰的温度为 350℃[129] 和 255℃[130]。本书对非负载 CeO$_2$ 和不同 CeO$_2$ 负载量的 TPR 实验表明仅在 450℃ 有一个还原峰，因此可以认为负载于 γ-Al$_2$O$_3$ 载体表面的 CeO$_2$ 与载体相互作用很小，没有形成 CeAlO$_3$ 前驱体相，认为可能是由于 Ce 离子半径较大，难以进入 γ-Al$_2$O$_3$ 载体的八面体空隙的缘故。因此 CeO$_2$ 在 γ-Al$_2$O$_3$ 载体表面主要以非嵌入式的单层或微晶、晶粒的形式存在。

C CuO-CeO$_2$/γ-Al$_2$O$_3$ 吸附剂 TPR 分析

有人研究了 CeO$_2$、CuO 同时负载在 γ-Al$_2$O$_3$ 表面时的分布状态。边平凤运用 TPR 技术研究了 CuO/γ-Al$_2$O$_3$、CuO-CeO$_2$/γ-Al$_2$O$_3$ 的还原性能[131]。结果表明：CeO$_2$ 的存在使 CuO 的还原温度下降近 20℃，峰强度明显减弱但峰形变宽。另外 CeO$_2$ 的存在使低温还原峰面积随焙烧温度升高而减少的趋势有所减弱，经 950℃ 焙烧后高温峰强度比无 CeO$_2$ 催化剂时明显减弱。表明 CeO$_2$ 的存在隔离了 CuO 和 Al$_2$O$_3$ 间的相互作用，抑制 CuAl$_2$O$_4$ 的生成。如果选择稳定的 α-Al$_2$O$_3$，通过降低载体自身的活性可进一步抑制 CuAl$_2$O$_4$ 的生成。也就是 CeO$_2$ 的存在抑制了 CuO 在 γ-Al$_2$O$_3$ 载体表面的分散。有研究表明[132]，随着晶相 CeO$_2$ 的引入，CuO 的衍射峰强度变弱。当 CeO$_2$ 负载量达到 7.5%，CuO 的衍射峰变弱，接近消失，这说明 CeO$_2$ 可促进 CuO 在 γ-Al$_2$O$_3$ 上的分散。这可能是因为体系中有 CeO$_2$ 晶相，可提供立方空位供 Cu 嵌入，且铜物种在 CeO$_2$ 晶相表面上的分散导致 CuO 晶相减少。CeO$_2$ 促进了 CuO 的分散，提高了吸收催化剂烟气脱硫的性能。此外，Ce 与 Cu 之间还有一定的协同作用，所以与在 γ-Al$_2$O$_3$ 上分散的 CuO 相比还原温度降低，CeO$_2$ 的引入可以降低活性中心 CuO 的还原温度。

3 实验研究方法

3.1 概述

采用固体吸附剂脱除烟气中的 SO_2 是典型的气-固反应，测定反应速率往往将固体料球悬挂在控制温度的环境中，使其与流动的气体发生反应。用于研究反应过程的方法可分为以下两类[133]：

（1）测定料球性质的某些变化。

常用的方法有：连续地测定料球的质量（热重法），直观地观察部分发生反应的料球的变化，以及对部分反应了的料球进行化学分析，其他有效的方法，如测磁化率也是可取的。

（2）测量经过料球后气流性质的某些变化。

常用的方法有：分析气态反应产物的气流，测得所产生的水蒸气的冷凝量或吸收量，通常这种方法用于氢还原金属氧化物是特别有用的。在脱硫试验中可以用气相色谱仪来分析气态反应物通过固定床或流化床后的浓度变化，根据脱硫率确定硫容、反应速度等指标。

负载氧化铜、氧化铈烟气脱硫的过程中，既有烟气成分上的变化，又有固体反应区——负载氧化铜、氧化铈质量上的变化。本书采用的是连续测量物料质量变化的办法，即热重法（TG）。其原理是将料球悬挂在实验天平横臂的一侧，并放置在气体反应物的环境之中，反应过程中料球的质量随着其反应进行的情况而改变，从而得出质量与时间曲线上的几个点，则整个曲线就可描绘出来，甚至可以用带记录仪器的天平做连续测量。

3.2 实验设备

在自制热重天平上进行恒温状态下的质量实验，实验设备如图 3.1 所示。该设备可分为四部分：反应器、供气系统、分析天平和加热系统。输出信号是试样质量变化，并自动记录在计算机内。具体实验过程为：首先将盛有 50mg 样品的坩埚放入反应器内，然后开始加热到设置好的反应温度，并通入带有水蒸气的 N_2 和 O_2 混合气体，当天平变化达到稳态后，开始通入 SO_2。脱硫后的 CuO/γ-Al_2O_3 吸附剂用 5% H_2 在相同的设备中进行再生，时间为 3000s。再生完成后，首先通入 Ar 以排除反应器内剩余的 H_2，同时降温到下一次脱硫温度。然后停止通 Ar，通入带有水蒸气的 N_2 和 O_2 混合气体，再重复上面的操作过程。

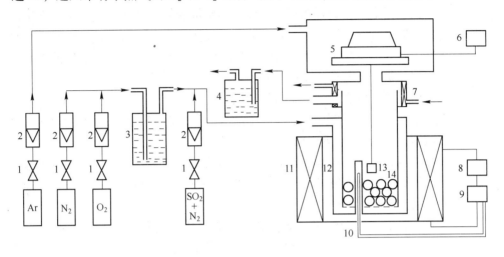

图 3.1　实验装置示意图

1—气压表；2—流量计；3—增湿器；4—SO$_2$ 吸收液；5—Mettler AT100 分析天平；6—记录仪；

7—循环水入口；8—电源；9—控温系统；10—热电偶；11—管式炉；

12—石英反应器；13—石英坩埚；14—石英球

针对 SO$_2$ 与负载氧化铜、氧化铈的反应，可以用如下反应类型来描述：

$$A(s) + B(g) \longrightarrow C(s) \tag{3.1}$$

在反应的某一时刻 t，其转变分数 X 可由下式求得：

$$X = \frac{m_t - m_0}{m_\infty - m_0} \tag{3.2}$$

式中，m_0 是吸附剂开始反应时的质量；m_t 是吸附剂在反应时间 t 时的质量；m_∞ 是反应结束后残留物的质量。

由于 γ-Al$_2$O$_3$ 载体与 SO$_2$ 存在着缓慢的反应，无法采用测量反应结束后残留物质量的方法得到 m_∞，因此将负载氧化铜、氧化铈全部转变为硫酸盐的理论增重量来作为吸附剂的最大增重量 m_∞，根据 X-t 可以得到转化率与时间的关系曲线，由于没有计算载体参与反应导致的增重部分，转化率往往会大于 1.0。在后文的实验中为了说明问题，有时也直接采用增重量 $\Delta m = m_t - m_0$ 来作为衡量脱硫效果的指标。

3.3　小波变换消除热重噪声信号

3.3.1　热重分析影响因素

热重分析所用的仪器主要包括热天平、炉子、记录仪、程序控温系统。它的基本原理是将样品质量变化所引起的天平位移量转化成电信号，经过放大器放大后送入记录仪；而电信号的强弱正比于样品的质量变化。当被测物质在加热过程中有升华、还原、脱附、吸附、蒸发、分解出气体或失去结晶水时，被测物质的质量就会发生变化。这时热重曲线就不是直线而是有所下降。通过分析热重曲线，就可以知道被测物质在什么温度时产生变化，并且根据失重量，可以计算失去了多少物质。例如负载氧化铜、氧化铈烟气脱硫过程就是一个质量不断增加的过程，将质量变化信号输送到电脑，再转变成可认知的数字，即可对负载氧化铜、氧化铈烟气脱硫过程进行分析。

由于受到实验仪器、实验条件等其他因素的影响，使测得的热重曲线失真，因此消除热重实验的噪声信号对于保证实验正常进行具有重要意义。热重分析通常可分为两类[134]：

（1）静态法，包括等压质量变化测定和等温质量变化测定。等压质量变化测定是指在程序控制温度下，测量物质在恒定挥发物分压下平衡质量与温度关系的一种方法。等温质量变化测定是指在恒温条件下测量物质质量与温度关系的一种方法，这种方法准确度高，费时。

（2）动态法，微商热重分析又称导数热重分析（derivative thermogravimetry，DTG），它是 TG 曲线对温度（或时间）的一阶导数。以物质的质量变化速率（dm/dt）对温度 T（或时间 t）作图，即得 DTG 曲线。

影响热重法测定结果的因素，大致有以下几个方面：仪器因素、实验条件和参数的选择，如浮力及对流的影响、挥发物冷凝的影响、温度测量的影响、升温速率、气氛控制、坩埚形状、试样等因素。实验条件下，上述影响因素中一些因素比较容易解决，如增加热屏板，避免挥发物的影响；利用具特征分解温度的高纯化合物进行温度标定，改变试样用量、粒度、热性质及装填方式，避免试样因素的影响；改变升温速率过大，避免热滞后的影响等。一些影响因素不易解决，如浮力和对流的影响，产生噪声信号，容易造成热重信号失真，因此，要进行消噪处理。

3.3.2　小波消噪原理

热重分析信号在生成和传输的过程中会受到噪声的干扰，对信息的处理、传输和存储造成极大的影响。过去常用传统的基于傅里叶变换（FFT）的频率分析方法进行信号处理，但是傅里叶分析仅适用于时不变系统的平稳信号，不适用于非平稳信号，且傅里叶变换对检测信号中的变化趋势、突变事件中的开始和结束等特征分析显得无能为力。1984 年，法国地球物理学家 Morlet 提出了一种新的时频分析方法——小波分析理论。小波分析提供了一种自适应的时域和频域同时局部化的多分辨率分析方法，可以很好地刻划信号的非平稳特性。小波去噪方法就是一种建立在小波变换多分辨分析基础上的新兴算法，其基本思想是根据噪声与信号在不同频带上的小波分解系数具有不同强度分布的特点，将各频带上的噪声对应的小波系数去除，保留原始信号的小波分解系数，然后对处理后的系数进行小波重构，得到纯净信号[135]。在数学上，小波去噪问题的本质是一个函数逼近问题，即如何在由小波母函数伸缩和平移版本所展成的函数空间中，根据提出的衡量准则，寻找对原信号的最佳逼近，以完成原信号和噪声信号的区分，也就是寻找从实际信号空间到小波函数空间的最佳映射，以便得到原信号的最佳恢复。从信号学的角度看，小波去噪是一个信号滤波的问题，而且尽管在很大程度上小波去噪可以看成是低通滤波，但是由于在去噪后还能成功地保留信号特征，因此在这一点上又优于传统的低通滤波器。

相比于以往的其他去噪方法，小波变换在低信噪比情况下的去噪效果较好，去噪后的语音信号识别率较高，同时小波去噪方法对时变信号和突变信号的去噪效果尤其明显。目前小波去噪技术已经在很多领域得到了广泛的研究和应用并取得了良好的效果。

小波去噪的关键是对各尺度下小波系数进行去噪处理，根据系数处理规则的不同，小波去噪的常见方法可分为以下几类[136,137]：

（1）模极大值去噪法。根据信号和噪声在多尺度空间上小波变换系数的模极值传播规律的不同而发展起来的一种去噪算法。主要适用于信号中混有白噪声，且信号中含有较多奇异点的情况。

（2）屏蔽去噪法。根据信号经小波变换后，其小波系数在各尺度上有较强的相关性，尤其是在信号的边缘附近,，其相关性更加明显，而噪声对应的小波系数在各尺度间却没有这种明显的相关性来去噪的。可以取得良好的去噪效果，去噪效果比较稳定，尤其适用于高信噪比的信号。它的不足之处在于计算量过大，且需要估计噪声方差。

（3）小波阈值去噪法。在众多小波系数中，把绝对值较小的系数置为零，让绝对值较大的系数保留或收缩，得到估计小波系数，然后利用估计小波系数直接进行信号重构，即可达到去噪的目的。小波阈值去噪法计算速度快，噪声能得到较好抑制，且反映原始信号的特征尖峰点能得到很好的保留，并在保证去噪效果的基础上，计算简洁快速，便于实现，因而在实际工程中得到了广泛的应用。目前该方法是众多小波去噪方法中应用最广泛的一种。

（4）平移不变量法。通过平移改变含噪信号不连续点的位置，对平移后的信号按阈值法进行去噪处理，然后将去噪后的信号进行逆平移，得到原始信号的去噪信号。主要适用于信号中混有白噪声且还有若干个不连续点的情况。

本书根据热重分析数据信号的特点，选用小波阈值去噪法来消除热重实验中的噪声信号。假设带分析信号 $f(x)$ 为能量有限的一维函数，$f(x) \in L^2(R)$，则连续小波变换定义为[138]：

$$W_f(a,b) = \frac{1}{\sqrt{a}}\int_R f(x) \cdot \psi\left(\frac{x-b}{a}\right)\mathrm{d}x \tag{3.3}$$

式中，a 为尺度因子；b 为平移因子；R 为时域；$\psi(x)$ 为母小波；$\sqrt{a}$ 为归一化因子。

$\psi(x)$ 存在逆变换须满足的条件为：设 $\psi(x)$ 的傅里叶变换为 $\psi(\omega)$，则

$$\int_R \frac{|\psi(\omega)|^2}{\omega}\mathrm{d}\omega < \infty \tag{3.4}$$

这时，称 $\psi(x)$ 为小波函数。小波变换的逆变换公式为：

$$f(x) = \frac{1}{c}\int_0^{+\infty} W_f(a,b)\frac{1}{\sqrt{a}}\psi\left(\frac{x-a}{b}\right)\mathrm{d}b \tag{3.5}$$

其中

$$c = \int_0^{+\infty} \frac{|\psi(a\omega)|^2}{a}\mathrm{d}a < \infty \tag{3.6}$$

可以进行信号重构。

一个含噪的一维信号模型可表示为如下形式：

$$s(i) = f(i) + \sigma \cdot e(i) \quad (i = 0,\cdots,n-1) \tag{3.7}$$

式中，$s(i)$ 为含噪信号；$f(i)$ 为真实信号；σ 为噪声系数；$e(i)$ 为噪声信号；i 为采样时间点。

为了从含噪信号 $s(i)$ 中还原出真实信号 $f(i)$，可以利用信号和噪声在小波变换下的不同的特性，通过对小波分解系数进行处理来达到信号和噪声分离的目的。在实际工程中，有用信号通常表现为低频信号或是一些比较平稳的信号，而噪声信号则表现为高频信号。小波变换可以将信号多层分解，如图3.2所示。图中 S 为原始信号，cA_1、cA_2、cA_3 为分解后的低频部分，cD_1、cD_2、cD_3 为分解后的高频部分，下标1，2，3分别代表分解的层次。分解具有关系：$S = cA_3 + cD_3 + cD_2 + cD_1$。可以看出，如要进行进一步的分解，则可以将低频部分 cA_3 分解为低频部分 cA_4 和高频部分 cD_4，以下再分解依次类推。

利用门限阈值等形式对高频小波系数进行处理，然后重构，即可达到消噪的目的。对信号消噪实质上是抑制信号中的无用部分，恢复信号中的有用部分的过程。

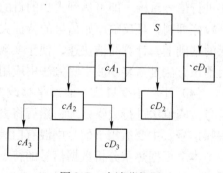

图3.2 小波分解图

3.3.3 Daubechies 小波函数消噪处理

Daubechies 小波系是由法国学者 Daubechies 提出的一系列二进制小波的总称[139]，Matlab 中记为 db$N$，N 为小波的序号，由于它易于实现快速算法而被普遍关注。Daubechies 小波基系列定义为：

假设存在
$$p(y) = \sum_{k=0}^{n-1} C_k^{n-1+k} y^k \tag{3.8}$$

则
$$|m_0(\omega)|^2 = \left[\cos^2\left(\frac{\omega}{2}\right) \right]^n P\left[\sin^2\left(\frac{\omega}{2}\right) \right] \tag{3.9}$$

式中，C_k^{n-1+k} 为二项式系数；$m_0 = \dfrac{1}{\sqrt{2}} \sum_{k=0}^{2n-1} h_k e^{-ik\omega}$。

Daubechies 小波基系列由系数 $C^{\mu n}$ 来确定尺度函数 $\Phi(x)$ 和小波函数 $\psi(x)$，二者长度均为 $2n-1$，其中 μ 取近似值 0.2。不同的小波基的表现形式是不同的。小波基的选用主要考虑小波基函数连续，必须有足够的消失矩，便于实现离散算法。经过多次优化编程计算比较，采用 db3 小波满足测量要求。db3 小波函数如图 3.3 所示。

图 3.4 是热重实验直接得到的原始信号，从图中可以看出，大约 300s 时质量开始有变化，说明此时开始有反应发生，随着反应时间的延长，质量趋于稳定，说明反应接近结束。另外从图中可以发现一种随机的噪声信号自始至终都伴随着热重信号，该噪声信号平稳，没有较大的波动，是典型的平稳噪声信号。该噪声来源是热重实验中直流、交流（AD）转换及实验温度、气体流量等因素造成的，由于这些因素在实验过程中保持恒定，体现在热重信号中便是一种平稳的

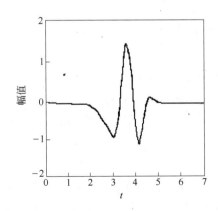

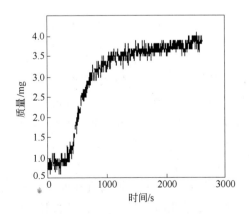

图 3.3 Daubechies（$N=3$）小波函数   图 3.4 原始热重信号

随机噪声信号。

采用 Minimaxi、Sqtwolog、Heursure 阈值选取规则和 db3 小波函数分解 4 层后得到的信号如图 3.5 所示。通过对比发现，Minimaxi 阈值规则和 Sqtwolog 阈值规则得到的去噪曲线大致相同，两者都能较多地保留原始信号的特点；Heursure 阈值规则去噪后的信号略微比其他两种阈值规则光滑一点，不是很明显。说明阈值的选取对热重信号消噪不产生较大的影响。

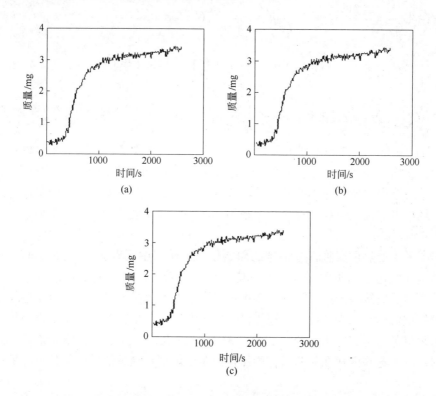

图 3.5 不同阈值选取规则去噪结果

(a) Minimaxi；(b) Sqtwolog；(c) Heursure

对阈值的应用可以采用软阈值或者硬阈值两种方式[140]：

（1）软阈值法。进行趋零处理，算子 D 将数据域 U 中所有 $|U| \leqslant \lambda$ 的数值置为零，并对 $|U| > \lambda$ 的数值以量 λ 缩小，它将不置为零的那些系数值进行趋零处理。

（2）硬阈值法。进行截断处理，若 $|U| > \lambda$，则保留，否则置为零。

一般来讲，采用硬阈值处理的信号与采用软阈值处理的信号相比，仍有少量毛刺，信号波形较粗糙，采用软阈值处理的信号波形形状好，比较平缓。图 3.6 所示为 db3 小波函数 7 层分解采用软、硬阈值处理方式后的信号。从图 3.6 可以看到软、硬阈值的选取似乎对热重信号处理的影响不是很大，这可能是该热重信号和噪声信号都比较平缓所致。

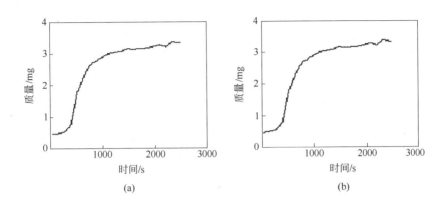

图 3.6 不同阈值消噪方式信号
(a) 软阈值；(b) 硬阈值

信号低频部分代表着信号的发展趋势，随着分解层数的增加，信号高频噪声信号随之减少，热重曲线的变化趋势更加明显。这表明通过小波变换的方法可以将热重曲线的基本形状反映出来。一般来讲，所有来辨识的信号本身不能有很大的突变，这是因为信号的发展趋势是由信号的低频部分所表征的。如果在信号本身中包含有很大的突变，那么在小波变换的低频部分中，显示出来的信号会和原始信号有很大的差别，因为小波变换会将信号本身的突变当做高频部分滤掉。在实际应用中信号的分解层数不是越多越好。

为了定量地说明分解层数对信号的影响，对采用 db3 小波函数不同分解层数的信噪比进行了计算，当分解层数为 1~9 时，信噪比分别为：28.25，24.25，22.00，20.91，20.42，20.13，19.83，18.67，13.22。可以看出：随着分解层数的增加，信噪比显著降低，这是由于把噪声信号分离出去所致；但到达顶层数后信噪比变化平缓，此时大部分噪声已经分离出，再增加分解层数对噪声的分离效果已经不起主要作用了；之后，随分解层数增加，噪信比又显著增加，说明此时已经把部分低频信号当做高频噪声去除了。

合适的分解层数应该是在信噪比变化比较平缓的时刻所对应的分解层数。针对信噪比变化平缓的分解层数，做了分解层数分别为 6、7、8 层的处理，如图 3.7 所示。可以发现分解层数以 7 层最佳，8 层已经明显看到曲线失真了。

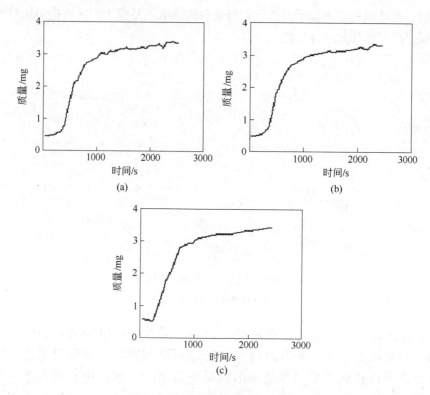

图 3.7 不同分解层数消噪后信号

(a) 6 层；(b) 7 层；(c) 8 层

3.4 吸附剂烟气脱硫反应传输特性分析

3.4.1 气固反应步骤分析

吸附剂烟气脱硫是烟气中 SO_2 不断地吸附在吸附剂表面的过程，是一个典型的气固反应过程。根据气固反应的近代观点，人们认为，固体反应性能是固体结构的反映，它不仅与固体的微观结构因素（晶型、晶粒大小和晶格缺陷等）有关，而且也与固体的宏观结构因素（颗粒大小、形状、比表面积、孔隙率和孔径分布）有关。气固反应 $A(g) + B(s) = C(g) + D(s)$ 的示意图如图 3.8 所示[141]。

气固反应过程包括如下几个步骤：

（1）气体反应物 A 由气流主体传递至固体颗粒的外表面（外扩散）；

（2）气体反应物 A 通过固体反应物 B 和生成物 D 中的孔隙网络进入固体颗粒内部（内扩散）；

（3）气体反应物 A 吸附在固体反应物 B 的表面（表面吸附）；

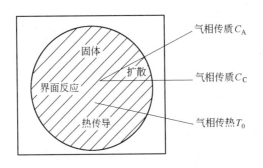

图3.8 气固反应传输示意图

（4）固体反应物 B 表面的化学反应和固体生成物 D 新相晶核的形成和生长（表面反应）；

（5）气体生成物 C 在固体表面的脱附（表面脱附）；

（6）气体生成物 C 通过固体反应物 B 和生成物 D 中的孔隙网络扩散至颗粒的外表面扩散（内扩散）；

（7）气体生成物 C 由颗粒外表面向气流主体传递（外扩散）。

步骤（1）和（7）称为外部传质过程或称外扩散过程，步骤（2）和（6）为气体在固体内部的扩散过程或称内扩散过程，步骤（3）、（4）、（5）为界面反应。在这些步骤中，每一个步骤都构成气固反应总阻力的一部分。其中阻力很小的部分称为非限制性步骤，阻力较大、影响不可忽略的步骤称为限制性步骤。当其中一个步骤的阻力在总阻力中占绝对优势时，该步骤称为控制步骤。笼统地讲，某种气固反应的速度是由某种步骤所控制的说法是不严格的，这是因为同一种气固反应，因固体的结构特性、反应条件和外部传质等条件的不同而使其反应机理有所不同。其一般趋势是粒度小、空隙大的固体有利于化学反应控制，反之有利于内扩散控制，处于中间状态的可能是化学反应和内扩散混合控制；反应温度低时有利于化学反应控制，温度高时有利于内扩散控制；当反应气流的雷诺数大时有利于外部传质为限制性步骤，反之则有利于内部传质成为限制性步骤。实际上，常常不是单一的某一种步骤决定反应的总速度，而是有几个步骤在不同程度上决定反应的总速度。而且，在一定的反应条件下，一反应体系进行的反应，各种影响速度的步骤的相对重要性也随着反应的进行而变化。例如当密实固体反应时，在反应初期，产物层内扩散阻力的重要性相对来讲较小，而在反应后期，由于固体产物层的厚度不断增加，相对来讲，内扩散阻力的重要性逐渐增加，甚至反应机理发生转移。

在固体吸附剂表面上的吸附、表面反应和脱附过程统称为化学反应过程，在反应条件下很难将它们明显区别开来。实验测定的反应速率和关联的动力学方程是化学反应过程、内扩散、外扩散等因素的综合结果。负载氧化铜、氧化铈烟气脱硫过程中，SO_2 与金属氧化物发生反应后并不会脱附下来，而是继续保留在原来的位置。反应产物没有气体，也就没有气体产物的脱附、扩散过程，固体吸附剂脱硫过程仅包括步骤（1）、（2）、（3）、（4）。研究负载氧化铜、氧化铈烟气脱硫过程仅需考虑反应物气体分子外扩散、内扩散和化学反应过程即可。

　　气固反应过程中的固体物料是多种多样的，有的是密实的，有的是多孔的。从工程的角度进行研究的动力学是一种宏观动力学，它研究传递过程在内的宏观综合反应速度。具体来讲，是研究固体物料的反应速度与温度、固相转化率、气相反应物浓度和颗粒外部传质条件的定量关系；研究固体反应性能和结构的关系，最佳反应条件和气固反应时的非等温行为等。吸附剂的孔结构和比表面积影响气体的扩散，进而影响整个吸附反应速率。一般而言，表面积越大，能够参与反应的气体分子越多，吸附剂的活性越高，但也不是绝对的。因为表面积和孔结构是紧密联系的，比表面积大则意味着孔径小、细孔多，也不利于内扩散，所以对于负载氧化铜、氧化铈烟气脱硫反应来说，吸附剂的比表面积应控制在一个适量的范围。

3.4.2　孔结构对吸附的影响

　　反应物分子在吸附剂孔内的扩散有三种机理，即普通扩散、努森（Knudsen）扩散（微孔扩散）和表面扩散。图 3.9 所示为三种扩散机理的示意图[142]。

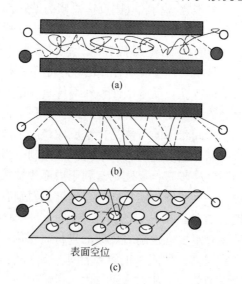

(a)

(b)

表面空位
(c)

图 3.9　客体分子在吸附剂中扩散时三种扩散机理示意图
（a）普通扩散；（b）Knudsen 扩散；（c）表面扩散

　　扩散过程中，在一定条件下可以只发生一种扩散，也可三种类型同时发生。换言之，孔径大小的不同可以导致扩散形式和扩散速率的改变，使分子进入孔中的数量有所不同，从而影响反应速率。

普通扩散或称容积扩散是指分子平均自由程 λ 小于孔直径 d 时的扩散，这时分子进入孔内分子间碰撞的几率大于与孔壁碰撞的几率，阻力主要来自分子之间的碰撞。对于气体压力高的体系主要起作用的是普通扩散。根据假设分子为弹性钢球模型，导出普通扩散的扩散系数 D_B 公式为

$$D_B = \frac{1}{3}\bar{v}\lambda \tag{3.10}$$

式中，$\bar{v}$ 为分子的平均速率；λ 为分子的平均自由程。

根据理想气体分子运动论得出：

$$\bar{v} = \sqrt{\frac{8R'T}{\pi M}} \tag{3.11}$$

$$\lambda = \frac{kT}{\sqrt{2}\pi\sigma^2 p} \tag{3.12}$$

式中，M 为相对分子质量；R' 为气体常数；T 为温度；k 为玻耳兹曼常数（1.3806×10^{-23}J/K）；σ 为分子有效直径；p 为压力。

将式（3.11）、式（3.12）代入式（3.10）后可得：

$$D_B \propto \frac{T^{3/2}}{p} \tag{3.13}$$

式（3.13）表明，D_B 与 $T^{3/2}$ 成正比，与气体总压力成反比，而与孔直径无关。

Knudsen 扩散是指分子平均自由程大于孔径时的扩散，这时分子与孔壁之间的碰撞几率大于分子间的碰撞几率，在孔径小、气体压力低时主要是 Knudsen 扩散起作用，扩散系数 D_K 为：

$$D_K = \frac{2}{3}R\bar{v} = \frac{2}{3}R\sqrt{\frac{8R'T}{\pi M}} \tag{3.14}$$

式中，R 为平均孔半径。

由式（3.14）看出，D_K 与气体压力无关而与孔平均半径和 $T^{1/2}$ 成正比。

表面扩散是指吸附在固体内表面上的吸附分子朝着降低表面浓度的方向移动。当固体表面存在化学势梯度场、扩散物质的浓度变化或样品表面形貌变化时，就会发生表面扩散。表面扩散是一个比较复杂的过程，它与吸附态分子以及固体表面的性质都有关系。在实际的催化体系中，不仅表面吸附态分子之间存在相互作用，而且吸附态分子和催化剂表面之间也有相互作用[143]。热振动能量的涨落可能使表面原子吸收足够的能量克服表面势垒，变成临近位置上的吸附原子，这是最简单的完整晶体表面自扩散。实际晶体表面上存在各种类型的缺陷，根据表面条件，表面原子可以在表面上或沿台阶移动，表面原子也可以填充到表

面空位上，引起空位的迁移，或发生更复杂的扩散过程。一般认为，在温度较高的催化过程中表面扩散不是主要的，可不予以考虑。

在催化过程中普通扩散和 Knudsen 扩散两种类型是主要的，当分子向孔中扩散时，所受阻力的影响无明显界限。Pollard 和 Scott 等人导出二元混合气体总的扩散系数 D 为：

$$D = \cfrac{1}{\cfrac{1}{D_B} + \cfrac{1}{D_K} - \cfrac{X_A(1 + N_B/N_A)}{D_B}} \tag{3.15}$$

式中，N_A 和 N_B 是组分 A 和 B 的摩尔通量；X_A 是 A 的物质的量。

当总压不变，等分子扩散时（即 $N_A = N_B$），式（3.15）变为：

$$D = \cfrac{1}{\cfrac{1}{D_B} + \cfrac{1}{D_K}} \tag{3.16}$$

如前所述，扩散类型由分子与孔壁碰撞或分子与分子之间碰撞几率大小所决定。可将分子与孔壁碰撞的几率不小于90%（忽略不大于10%的分子与分子间碰撞）时作为 Knudsen 扩散；将分子与分子碰撞几率不小于90%（忽略不大于10%的分子与孔壁间碰撞）时作为普通扩散。这样由式（3.10）、式（3.14）、式（3.16），对同一体系可将扩散类型作如下划分：

(1) 当 $D_B \geqslant 10D_K$，即 $\lambda \geqslant 10d$ 时，$D = 0.91D_K$，$D \approx D_K$，为 Knudsen 扩散；

(2) 当 $D_K \geqslant 10D_B$，即 $d \geqslant 10\lambda$ 时，$D = 0.91D_B$，$D \approx D_B$，为普通扩散；

(3) $d/10 \leqslant \lambda \leqslant 10d$ 时为过渡区。对过渡区还可细分如下：当 λ 在 $d/10 \sim d$ 区间时以普通扩散为主，当 λ 在 $d \sim 10d$ 区间时以 Knudsen 扩散为主。

从上述讨论可知，分子运动的平均自由程和孔径大小的关系对决定分子扩散的类型起很大作用，并给出大致定量的结果。

O_2、H_2、N_2 的平均分子自由程分别为54.7nm、112.3nm、60nm[144]，SO_2 分子有效直径为 0.404nm[145]，代入式（3.12）计算得到 SO_2 气体分子 400℃ 时的平均自由程为126.6nm。实验所用吸附剂的平均孔径为14.59nm（详见第 5 章），λ 在 $d \sim 10d$ 之间，吸附剂脱硫实验中反应物分子在吸附剂孔内扩散以 Knudsen 扩散为主。

3.4.3　消除扩散影响

外扩散是反应物气体分子由气流主体向固体颗粒外表面扩散的过程，由于外扩散过程和反应是串联发生的过程，因此外扩散控制或反应控制可用来说明反应的控速步骤。一般情况下，原料气体的线速度较大，足以消除外扩散的影响。而内扩散过程则与此不同，是气体反应物分子通过固体反应物和生成物中的孔隙扩散至颗粒外表面的过程。内扩散过程与孔内反应是平行的竞争过程，二者始终都起着作用，不存在任何控制的问题，只不过影响大小不同而已。

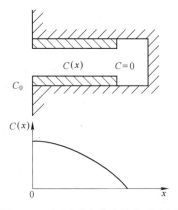

图 3.10　气固反应孔内结构示意图

由于受吸附剂颗粒直径的影响，使得脱硫反应或多或少会受到内扩散的影响。如图 3.10 所示[86]，这样就造成靠近吸附剂外部的内表面被利用，而微孔中心部分和里面部分的内表面没有得到利用，导致吸附剂的内表面利用率不高，多孔性吸附剂的内扩散问题就是内表面利用率的问题，反应物分子要通过孔内扩散才能到达吸附剂的内表面，因此不同程度上会受到内扩散的影响。为此，分别做了空白实验和消除内、外扩散影响的实验。消除内、外扩散的影响可通过改变试样用量、粒度等方式解决。用量大，因吸热、放热引起的温度偏差大，且不利于热扩散和热传递，要求装填薄而均匀。粒度细，反应速率快，反应起始和终止温度降低，反应区间变窄；粒度粗则反应较慢，反应滞后。装填紧密，试样颗粒间接触好，利于热传导，但不利于气体扩散。

3.4.3.1　空白实验

样品用量为 50mg，实验气氛为模拟烟气，其中 SO_2 体积分数为 0.2%，O_2 体积分数为 5%，H_2O 体积分数为 3%，其余为 N_2。测试温度范围 300~600℃。实验开始时，记录增重量的变化，直到天平显示质量没有变化。有以下两种情况：

（1）不装吸附剂时通入气体，如吊篮不增重可以确认吊篮材料不吸收 SO_2；

（2）加入吸附剂，当通入的气体中不含 SO_2，其他条件相同，吸附剂不增重，说明吸附剂不吸收其他气体。

3.4.3.2　消除外扩散的影响

当吸附反应受外扩散控制时，气体的质量流速对反应速率有明显影响，而对内扩散和表面过程无影响。为确定外扩散影响是否存在，保持其他实验条件不变，考察转化率 X 随气体流量 V 的变化。如果 X 随 V 增加而增加，则表明外扩散影响不能忽略；如果 X 不随 V 而变，保持定值，则表明外扩散影响可忽略[124]。

实验测定气体流量分别为 200mL/min、300mL/min、400mL/min 时的增重曲线如图 3.11 所示。可以看出三条曲线基本重合，表明在气体流量 V 大于 200mL/min 的情况下，已经排除了外扩散对动力学反应速率的影响。后续试验气体流量取 300mL/min。

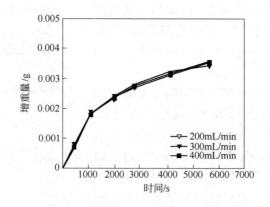

图 3.11 不同气体流量增重曲线

如果脱硫反应是在没有浓度梯度反应器中进行，则由于气体流速很大，以至于外扩散速率很大，无需实验判断就可以假设外扩散的影响可以忽略，为此作者又做了改变吸附剂质量的脱硫实验。分别选用 30mg、50mg、70mg、90mg 样品，研究装样量对反应的影响。不同装样量的对比试验结果如图 3.12 所示。由图 3.12 可见，在脱硫反应条件保持一定的情况下，当样品质量不大于 70mg 时，脱硫反应过程中样品增重量与样品质量成正比。当吸附剂质量超过 70mg 以上时，增重量不再与吸附剂质量成正比，因此将吸附剂质量定为 70mg 以下。为方便起见，样品质量取为 50mg。

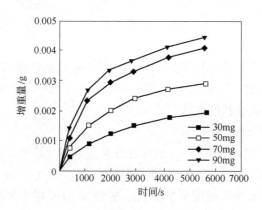

图 3.12 不同试样质量脱硫增重曲线

3.4.3.3 消除内扩散的影响

通过粒子的聚集而出现微孔、细孔和粗孔。显然，孔隙的大小与粒子的大小及聚集紧密有关，大粒子聚集成粗孔，小粒子聚集成细孔，故物质的分散度与孔结构有密切的关系，分散过程影响着造孔的结果。为此，在制备过程中的某一阶段必须控制分散度。例如，用固体物料经研细而聚集成颗粒时，必须重视物料的粒度，在某些场合要控制物料中大、中、小粒子的相对量，以便形成粗、中、细孔隙交联的孔结构。内扩散对多相反应过程影响程度以有效因子的大小来衡量。有效因子越小内扩散影响越大。而有效因子为 Thiele 模数 Φ 的函数，当脱硫剂的品种和组成一定时，Φ 值仅取决于吸附剂的粒度[124]。改变颗粒粒度进行实验是检验内扩散影响的有效办法。在反应条件保持不变的条件下，观察转化率与吸附剂粒度大小的关系。如果吸附剂粒度减小，反应转化率增加，说明内扩散影响较强。如果粒度小于某一数值后，继续减小粒度，反应转化率不再变化，则说明内扩散的影响已被弱化，此时过程中化学反应占优势。

在固定催化剂用量为 50mg、反应温度 400℃、烟气成分不变、接触时间 3000s 下，考察了吸附剂颗粒粒径范围为 0.01 ~ 0.02mm、0.02 ~ 0.05mm、0.05 ~ 0.08mm 三种情况下的转化率曲线，如图 3.13 所示。可以看出三条曲线基本重合，表明三种粒度范围下，内扩散的影响并不显著，可以忽略不计，化学反应过程制约着脱硫反应的速率。今后取粒度为 0.02 ~ 0.05mm 的吸附剂作为研究对象。

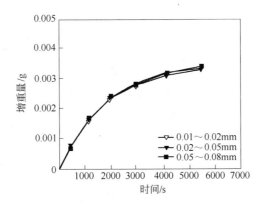

图 3.13 不同粒径的吸附剂增重曲线

4 吸附剂脱硫性能实验

4.1 概述

  提高吸附剂脱硫活性、降低反应温度是提高活性组分 CuO、CeO_2 烟气脱硫效率的研究重点。不使用载体的吸附剂，活性组分颗粒紧密接触，由于相互作用，会使活性组分颗粒聚集、增大，减少表面积，容易引起烧结，导致活性下降；同时，反应产生的硫酸盐会覆盖在活性组分表面，阻止表层下面的活性组分继续反应，降低吸附剂的活性。将活性组分负载在载体上，能使颗粒分散开，防止颗粒聚集，提高分散度，增加散热面积和导热系数，有利于热量的去除；同时，活性组分有较大的暴露表面，促使微粒分散强化，增加比表面积，从而提高活性组分的活性。活性组分 CuO、CeO_2 的负载量对吸附剂的脱硫活性也有影响。当活性组分的负载量小于单层分散阈值时，活性组分 CuO、CeO_2 主要以单层覆盖的形式分布在载体表面。超过单层分散阈值时，将会形成多层覆盖，在焙烧过程中聚集形成 CuO、CeO_2 晶体，使载体孔道堵塞；且在脱硫过程中，由于 CuO、CeO_2 颗粒表面首先形成硫酸盐，阻碍了内层与 SO_2 的反应，脱硫活性降低。温度、反应物气体浓度变化也会影响反应速率，进而影响吸附剂的脱硫活性。

  样品制备时，焙烧温度既要保证不使活性氧化铝晶型发生变化，又要保证浸渍的硝酸铜能得到完全的分解。负载型吸附剂中的活性组分是以高度分散的形式覆盖在高熔点的载体上，在焙烧过程中这类吸附剂的活性组分表面积会发生变化，表面自由能也有相应的变化。为了得到高活性吸附剂，要求吸附剂中的活性组分具有高分散度，即所得的活性组分晶粒要小。过高的焙烧温度会引起烧结现象，导致表面自由能的急剧下降，改变载体和活性组分的晶型；此外，过高的焙烧温度能在还原过程中增大晶核生成的速率，有利于得到高分散度的活性组分微晶。将助剂加入吸附剂中后，能够防止和减慢微晶体的生长，增加吸附剂的稳定性，改变吸附剂主要组分的化学组成、电子结构（化合形态）、表面性质或晶型结构等，从而提高吸附剂的活性。

  影响负载 CuO、CeO_2 烟气脱硫性能的主要因素有：CuO 和 CeO_2 的负载量、反应温度、SO_2 浓度、O_2 浓度、H_2O 浓度。本章对 $CuO/\gamma\text{-}Al_2O_3$、$CeO_2/\gamma\text{-}Al_2O_3$ 吸附剂脱硫活性进行实验研究。由于载体 $\gamma\text{-}Al_2O_3$ 参与了脱硫反应，为了较全面地分析吸附剂在烟气中的行为，将吸附剂分为载体和活性组分两部分，分别研究二者与二氧化硫的反应情况，观察吸附剂脱硫活性的变化，确定合适的吸附剂组成。

4.2　γ-Al$_2$O$_3$ 吸附 SO$_2$ 实验

因为 SO$_2$ 在 γ-Al$_2$O$_3$ 上的吸附分为物理吸附和化学吸附，为此首先对这两个

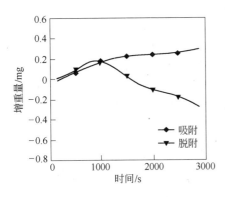

过程进行研究。选定浓度为 SO$_2$ 0.20%，O$_2$ 5%，H$_2$O 3%，N$_2$ 余量，温度 450℃，操作过程是待通入的 O$_2$、H$_2$O、N$_2$ 达到平衡后再通入 SO$_2$。γ-Al$_2$O$_3$ 的吸附曲线和脱附曲线如图 4.1 所示，脱附曲线的吸附时间是 800s，然后停止通入 SO$_2$ 和水蒸气。从吸附曲线可以看到 0~1000s 吸附速度较快，1000s 后 SO$_2$ 吸附速率变慢。Nam 认为 γ-Al$_2$O$_3$ 的吸附曲线分为两个阶段，第一阶段为快速吸附阶段，也就是 SO$_2$ 的物理吸附阶段；第二阶段是 SO$_2$ 的氧化吸附

图 4.1　γ-Al$_2$O$_3$ 的吸附及脱附曲线

阶段，也就是化学吸附阶段，但 Nam 认为 γ-Al$_2$O$_3$ 快速吸附阶段为 60s 左右[146]。作者的实验表明 γ-Al$_2$O$_3$ 的快速吸附阶段为 1000s 左右，这可能与 γ-Al$_2$O$_3$ 的预处理有关。从总的吸附量来看，两种预处理方式的效果都是相同的，快速吸附阶段后是 SO$_2$ 的化学吸附阶段。

γ-Al$_2$O$_3$ 吸附 SO$_2$ 后的脱附过程首先是 SO$_2$ 的脱附，然后又会发生部分脱水，这两个过程之间有一个略微平缓的过渡区。随后用脱附 SO$_2$ 后的 γ-Al$_2$O$_3$ 进行吸附试验，发现在通入水蒸气后曲线有质量增加现象，通入 SO$_2$ 后又有质量增加现象，表明脱附阶段发生了 SO$_2$ 和 H$_2$O 的脱附过程。

4.2.1　O$_2$ 的影响

Kijstra 认为 SO$_2$ 能够较弱地化学吸附在路易斯酸位置上，但能够较强烈地吸附在表面羟基和 O^{2-} 位上[147]。发生较强的化学吸附时，在 O$_2$ 参与下，亚硫酸盐转变为硫酸盐。有人认为 420~600K 之间就能够发生脱硫反应，也有人认为脱硫反应要在 670K 以上才能发生。

设定 SO$_2$ 为 0.20%，温度为 450℃，H$_2$O 为 3%，O$_2$ 体积分数分别取 0、5%、10%，考察 O$_2$ 对 γ-Al$_2$O$_3$ 脱硫行为的影响，如图 4.2 所示。由图 4.2 可以看到，

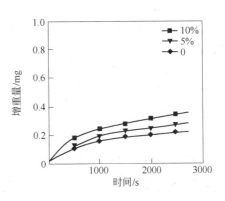

图 4.2　O$_2$ 对 γ-Al$_2$O$_3$ 脱硫行为的影响

与纯 SO_2 的吸附过程相比,添加 O_2 后有一个增重过程。随着 O_2 体积分数的增加有质量增加现象;当没有 O_2 时,$\gamma\text{-}Al_2O_3$ 也会出现质量增加现象,这是由于生成亚硫酸铝的缘故。

SO_2 在 $\gamma\text{-}Al_2O_3$ 载体表面的吸附受两个因素的影响:羟基基团的数量和温度。SO_2 能够稳定地吸附在脱水后的载体表面。随着温度升高,SO_2 吸附量变小,600℃ 以上时,SO_2 经歧化反应生成 $Al_2(SO_4)_3$,$Al_2(SO_4)_3$ 在 800℃ 时发生热分解,红外光谱实验研究表明 SO_2 首先生成亚硫酸盐物质(SO_3)[146],特征峰是 $1060cm^{-1}$,600℃ 时 $1060cm^{-1}$ 特征峰消失。O_2 存在的情况下,SO_2 在 $\gamma\text{-}Al_2O_3$ 载体表面氧化形成硫酸铝,产生的特征峰是 $1400cm^{-1}$ 和 $1100cm^{-1}$。$\gamma\text{-}Al_2O_3$ 载体脱硫反应的方程式为:

$$3SO_2 + 3/2O_2 + Al_2O_3 = Al_2(SO_4)_3 \tag{4.1}$$

烟气中 SO_2 浓度仅为 0.2% 左右,理论计算表明仅需 0.1% 的 O_2 即可满足载体脱硫反应所需氧量,3% O_2 加入量已经大大过量,再将 O_2 体积分数增加到 5%,O_2 过量得还要多。从化学反应的角度讲,即便 O_2 含量再增加,$\gamma\text{-}Al_2O_3$ 载体的增重量也不会增加。但实际表明,当将 O_2 含量增加到 10% 时,$\gamma\text{-}Al_2O_3$ 载体增重量反而会有增加,尚不清楚产生这种情况的原因。

4.2.2　水蒸气的影响

设定 SO_2 为 0.20%,温度为 450℃,O_2 为 5%,水蒸气体积分数分别取 0、3%、6%,考察水蒸气对 $\gamma\text{-}Al_2O_3$ 脱硫行为的影响,如图 4.3 所示。由图 4.3 可以看到,当没有水蒸气时,$\gamma\text{-}Al_2O_3$ 几乎不吸附 SO_2,表明在干燥条件下 $\gamma\text{-}Al_2O_3$ 载体几乎不吸附 SO_2;随着水蒸气体积分数的增加有质量增加现象。Krishnan 和 Bartlett 把干燥条件下之所以难以达到更高水平的脱硫归因于 $\gamma\text{-}Al_2O_3$ 的孔隙被封闭了的结果[133]。有研究表明[148],化学吸附的 SO_2 直接吸附在表面位上,而不是羟基上,SO_2 吸

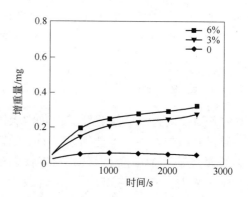

图 4.3　H_2O 对 $\gamma\text{-}Al_2O_3$ 脱硫行为的影响

附在 $\gamma\text{-}Al_2O_3$ 载体表面后会产生两种 SO_2 型的物质,最初弱吸附的 SO_2 将转变为强吸附,与表面结合更加紧密,并在较高的温度下发生脱附。

4.2.3　SO_2 的影响

设定 O_2 为 5%,温度为 450℃,H_2O 为 3%,SO_2 体积分数分别取 0.20%、

0.67%、0.90%、1.20%、1.50%，考察 SO$_2$ 体积分数变化对 γ-Al$_2$O$_3$ 脱硫行为的影响，如图 4.4 所示。由图 4.4 可以看到，随着 SO$_2$ 体积分数的增加，物理吸附速度变大，化学吸附速度几乎没有变化，但增重量变大。

4.2.4 温度的影响

设定 SO$_2$ 为 0.20%，O$_2$ 为 5%，H$_2$O 为 3%，温度分别取 400℃、450℃、500℃、550℃、600℃，考察温度对 γ-Al$_2$O$_3$ 脱硫行为的影响，如图 4.5 所示。由图 4.5 可以发现，在 500℃ 以下，γ-Al$_2$O$_3$ 吸附 SO$_2$ 的速率和总量几乎没有太大的变化。在 400℃ 以下几乎看不到化学吸附阶段，说明 O$_2$ 对 γ-Al$_2$O$_3$ 的脱硫行为没有影响。在 550℃ 化学吸附量明显增加。从整个温度范围对 γ-Al$_2$O$_3$ 脱硫行为的影响来看，随着温度的升高，脱硫速率增加。但 Nam 认为 SO$_2$ 的吸附具有关于初始吸附速率的负温度系数[146]，即随着温度升高，初始吸附速率变小。SO$_2$ 的化学吸附是 SO$_2$ 首先吸附在 γ-Al$_2$O$_3$ 载体表面，吸附的 SO$_2$ 再在同一位置上被氧化成硫酸盐。这一过程在强吸附位上是较快的，在弱吸附位上是较慢的，但在 700℃ 时吸附速率变快。在强吸附位和弱吸附位上 SO$_2$ 的吸附反应机理是：

$$SO_2(g) \rightleftharpoons SO_2^* \tag{4.2}$$

$$SO_2^* + 1/2O_2 \rightleftharpoons SO_3^* \tag{4.3}$$

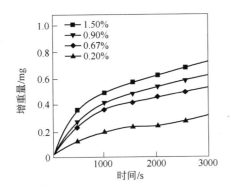

图 4.4 SO$_2$ 对 γ-Al$_2$O$_3$ 脱硫行为的影响

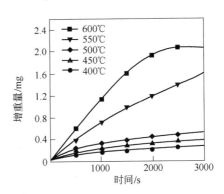

图 4.5 温度对 γ-Al$_2$O$_3$ 脱硫行为的影响

符号"$\rightleftharpoons$"表示 SO$_2$ 吸附过程中也会发生脱附现象。但 SO$_2^*$ 发生脱附反应的活化能比 SO$_2$ 发生化学吸附的活化能高，总的效果来看是 SO$_2$ 气体不断地吸附在 γ-Al$_2$O$_3$ 载体表面。500℃ 以下 γ-Al$_2$O$_3$ 增重量几乎没有变化，550℃ 后，γ-Al$_2$O$_3$ 增重量很快增加，表明 500~550℃ 之间是一个很重要的节点温度范围。根据 600℃ 时 50mg γ-Al$_2$O$_3$ 完全转化为 Al$_2$(SO$_4$)$_3$ 的质量增加量，计算出 γ-Al$_2$O$_3$ 的最大转化率为 1.74%，可以看出 γ-Al$_2$O$_3$ 在二氧化硫气氛下是缺少活性的。

4.3 CuO/γ-Al₂O₃ 脱硫性能实验

4.3.1 载铜量的影响

CuO 作为吸附剂的活性组分，其含量大小对脱硫活性的影响十分重要。为了测定负载量的最佳含量，采用增重量来描述脱硫效果，因为如果继续采用转化率来表示，理论上预计得不到峰值，而只是转化率趋于平衡的过程。单层分散理论指出，活性组分负载于载体上将以亚单层或单层状态分散在载体表面，直至含量高于单层分散量（阈值）为止，超出此界限后活性组分会以团聚状态出现。对表面积接近 100m²/g、载 CuO 约 5% 的吸附剂来说，Cu 离子已得到较好的分散（接近单层分散）[126]。也有资料认为，单层分散阈值载铜量约为 7%，作者测定得到的分散阈值折合为 100m² γ-Al₂O₃ 载体后约为 7%，与文献资料介绍的分散阈值吻合。当负载量增加时，出现 CuO 微粒。从理论上预计，在低于阈值时，由于 CuO 在载体上得到充分的分散，使负载的 CuO 能充分发挥脱硫活性；达到阈值时，CuO 在载体上的分散达到单层分散的极限值，脱硫活性也应该达到最佳状态。实验证明，CuCl₂/γ-Al₂O₃、MoO₃/γ-Al₂O₃ 等多种商品催化剂中，最佳活性组分的含量都在各自单层分散阈值附近，因此在催化剂的制备过程中，盐类或氧化物的单层分散阈值容量对于确定催化剂的组成是非常有用的参考数据。一般在阈值附近配制几个组分做试验，便可找到最佳组成。基于这种设想，对 CuO 负载量的大小对脱硫性能的影响进行了研究，实验结果如图 4.6 所示。

曲线上每一点的斜率代表该时刻的反应速率，计算出每种吸附剂初始反应速率，如图 4.7 所示。从图 4.7 中可以看出，在负载量小于 0.12g/g 范围内，反应速率随着负载量的增加而增加；负载量大于 0.12g/g 时，反应速率反而随着负载

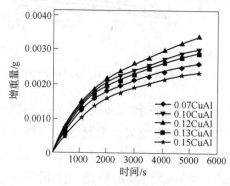

图 4.6 不同 CuO 负载量吸附剂
脱硫增重曲线

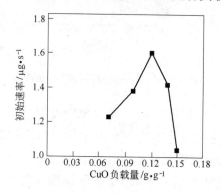

图 4.7 初始速率随 CuO 负载量
变化的关系

量的增加而减少，最大反应速率对应的 CuO 负载量为 0.12g/g，说明负载 CuO 脱硫过程中存在着最佳比例，但最佳比例远远小于 CuO 的单层分散阈值。在制备吸附剂的过程中，为了使活性组分的利用率最高，最好的方法就是让活性组分在载体表面呈单分子层状态分布，但是对 CuO/γ-Al$_2$O$_3$ 脱硫剂的脱硫反应而言，这一点并不成立。因为单层分散阈值是活性组分能够在载体表面分散的最大容量，并不意味着此时各个 CuO 分子之间全部是互相连接，排成一个分子层厚度。

Dow 等人采用物理方法研究了在单层分散阈值以下 γ-Al$_2$O$_3$ 载体表面 CuO 的分布状态[149]，他们认为 γ-Al$_2$O$_3$ 载体表面负载的 CuO 可以分成四种类型：孤立的 Cu^{2+}、弱磁性结合体、小的二维或三维簇结构、大的三维簇结构。前三种分布状态存在于 CuO 的单层分散阈值以下，只有第四种分布状态能够被 XRD 检测到。在弱磁性结合体和小的二维或三维簇结构分布状态下，不见得是一个分子层的厚度，可能局部地方已经是几个或者几十个分子层厚度了，但此时仍不能被 XRD 检测到。由于 CuO 发生脱硫反应生成 CuSO$_4$ 是一个体积膨胀的过程[150]，这些 CuSO$_4$ 会形成第一层表面硫酸盐，阻碍烟气与次表面层的进一步反应而影响到脱硫活性，并减少了表面积和孔体积，甚至堵塞了一些微孔，导致反应速率降低。在这四种分布状态中，除了第一种 Cu^{2+} 周围没有其他的 Cu^{2+} 存在，后三种分布状态下 Cu^{2+} 都与其他的 Cu^{2+} 相连接，因此有理由认为随着 CuO 负载量的增加，在负载量还没有超出单层分散阈值的情况下，脱硫反应速率已经开始变小了，而最大反应速率对应的 CuO 负载量值（0.12g/g）应该就是 Cu^{2+} 呈孤立状态存在的负载量。

目前对于"单分子层"概念的理解有不同的看法。Friedman 等人对 CuO 在 γ-Al$_2$O$_3$ 载体表面的存在状态进行了研究[30]，结果发现：在 CuO 低含量时（<4%）和焙烧温度小于 500℃ 的情况下，大部分 Cu 离子在扭曲的八面体空隙中，而不是像 CuAl$_2$O$_4$ 体相那样大约有 60% 的 Cu 离子位于正四面体空隙中；随着 CuO 含量的增加，会出现分离的 CuO 体相；焙烧温度为 900℃ 时会出现 CuAl$_2$O$_4$ 体相。Strohmeier 等人对 CuO/γ-Al$_2$O$_3$ 催化剂表面 CuO 的分布状态做了进一步的研究[126]，指出"单分子层"是指不能用 XRD 手段检测到的 CuO 能够负载的最大量。也有人认为单分子层应该包括点状和单分子层岛状结构[98,99]，如图 4.8 所示。总的来说，对"单分子层"还存在着不同的理解，实验结果表明单分子层结构更类似于点状和单分子层岛状分布。

4.3.2　反应温度的影响

化学反应的速率与反应温度密切相关，图 4.9 所示为 SO$_2$ 浓度在 0.2% 时温度对 0.12CuAl 吸附剂转化率影响的曲线。随着温度的升高，脱硫速率也增加。在前 3000s 内，反应速率较快，在后 3000s 内反应速率较慢，甚至以恒定速率反应，这是由于反应前期主要是 CuO 与 SO$_2$ 的反应，后期主要是 γ-Al$_2$O$_3$ 载体与

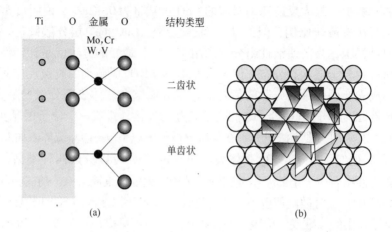

图 4.8 正四面体 MoO_4^{2-}、CrO_4^{2-}、WO_4^{2-}、VO_4^{3-} 离子在 TiO_2 载体表面示意图
（a）及聚集体 $Mo_7O_{24}^{6-}$ 在 TiO_2 载体表面示意图（b）

SO_2 的反应，二者的反应方程式分别为式（4.4）和式（4.1）。从图 4.9 中可以看到，温度对转化率的影响是显著的，表明吸附过程由化学反应控制，在较低温度下，CuO 反应不彻底。随着反应时间的延长，反应速率也随之降低。虽然较高的反应温度对脱硫反应是有利的，但当温度超过 550℃ 以上时，反应速率并没有明显的增加，这是由于 $CuSO_4$ 会自动发生分解；同时温度越高，对设备要求及能源的消耗也越高，综合考虑以上各种因素，确定较合适的反应温度为 400℃。

$$CuO + SO_2 + 1/2O_2 \Longrightarrow CuSO_4 \qquad (4.4)$$

4.3.3 SO_2 浓度的影响

图 4.10 所示为 400℃ 下不同 SO_2 浓度对 CuO 转化率影响的转化率曲线。由

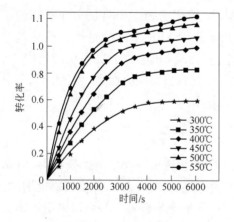

图 4.9 温度对转化率的影响

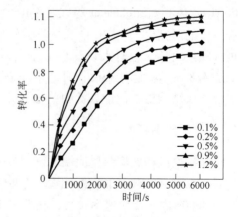

图 4.10 SO_2 浓度对转化率的影响

图 4.10 可见，气相中的 SO_2 在 0.1% ~ 0.9% 的范围内变化时随着烟气中 SO_2 的浓度增加，脱硫速率随之增加。随着反应时间的延长，表面 SO_2 吸附量增加，反应速率降低。CuO 反应结束后，反应并不是马上停止，这是由于部分 γ-Al₂O₃ 载体与 SO_2 发生反应，使得转化率大于 1.0。但是当 SO_2 浓度超过 0.9% 时，浓度再升高对反应速率没有更大的影响。这是由于在低浓度下，单位时间内参与反应的 SO_2 数量较少，使反应速率降低；而当 SO_2 浓度达到一定数量后，此时 CuO 负载量则成为了反应速率的制约因素，浓度的增加并没有使反应速率明显增加。在 SO_2 浓度较低的情况下，CuO 全部反应完成的时间就要变长，而 γ-Al₂O₃ 载体与 SO_2 反应相对来说就会增加，产物 $Al_2(SO_4)_3$ 也会阻碍 CuO 的进一步反应，CuO 的转化率降低。燃煤电厂烟气 SO_2 浓度通常为 0.1% ~ 0.3%，合成的吸附剂表现出较好的脱硫活性。

4.3.4 O_2 的影响

改变烟气中 O_2 含量，得到不同 O_2 浓度下吸附剂的转化率，如图 4.11 所示。气相中的氧浓度不影响转化率的变化，这是由于在通常情况下烟气中 O_2 浓度要远远大于 SO_2 浓度。同时也表明 Cu 位点的氧化再生相对于其他反应是快速反应。另外，脱硫剂在空气气氛下 400℃煅烧使有效铜基本上维持在氧化物形态，不会被还原成 Cu，因此，脱硫前没有必要对样品预氧化。

4.3.5 水蒸气的影响

以烟气中水蒸气成分为标准改变水蒸气的含量，在相同温度下不同水蒸气含量对反应速率的影响结果如图 4.12 所示。可以看出在相同的温度下，当改变水含量时，转化率基本没有什么变化，即 H_2O 浓度对反应速率的影响很小。

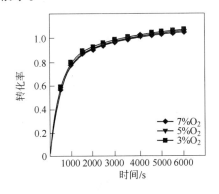

图 4.11 O_2 浓度对转化率的影响

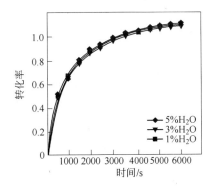

图 4.12 水蒸气对转化率的影响

4.4　CeO$_2$/γ-Al$_2$O$_3$ 脱硫性能实验

4.4.1　CeO$_2$ 负载量的影响

　　CeO$_2$/γ-Al$_2$O$_3$ 吸附剂中活性组分 CeO$_2$ 的负载量是影响脱硫性能的主要因素之一。为寻求高活性脱硫剂适宜的负载量，分别对负载量为 0.01CeAl、0.02CeAl、0.03CeAl、0.04CeAl、0.05CeAl 脱硫剂在 400℃ 下的脱硫性能进行了试验，试验结果如图 4.13 所示。曲线斜率即为反应速率，计算出脱硫曲线的初始速率如图 4.14 所示。从图 4.14 中可以看出，随着 CeO$_2$ 负载量的增加，脱硫速率增加，但达到最大值后随着 CeO$_2$ 负载量的增加，脱硫速率反而减小。脱硫速率最大时对应的 CeO$_2$ 负载量为 0.03CeAl，远远低于 γ-Al$_2$O$_3$ 载体表面 CeO$_2$ 的单层分散阈值。单层分散理论的"阈值效应"也不适用于 CeO$_2$/γ-Al$_2$O$_3$ 吸附剂的烟气脱硫，这可能与 Ce 物种在活性氧化铝表面的分散阈值以及金属氧化物在活性氧化铝上有聚集的趋向有关，金属氧化物含量等于分散阈值时其局部分散度可能已经超过了分散阈值。CeO$_2$ 的分散阈值为 0.125g/g，CeO$_2$ 的最佳负载量比分散阈值要低，更有利于 CeO$_2$ 的均匀分布，也可以提高吸附剂的抗烧结性能，从而在总体上增加单位质量催化剂的活性位。负载量的增加则会导致比表面积的下降，反而使单位质量催化剂的活性位减少，这就是负载量过高时活性降低的原因之一。

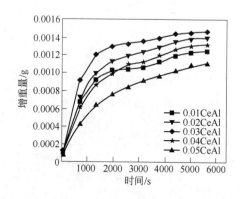
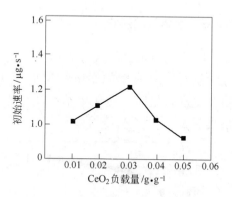

图 4.13　不同 CeO$_2$ 负载量的脱硫增重曲线　　图 4.14　初始速率与 CeO$_2$ 负载量的关系

　　Shyu 等人采用 XPS 方法对 γ-Al$_2$O$_3$ 表面负载 CeO$_2$ 的分布状态进行了研究[128]，认为在分散阈值以下，CeO$_2$ 主要以 CeAlO$_3$ 前驱体和小的 CeO$_2$ 晶粒状态存在，这两种分布状态都不能被 XRD 检测到。当负载量超过分散阈值时，开始出现较大的 CeO$_2$ 晶粒，此时可以用 XRD 检测到。CeO$_2$ 负载量很低时，前者占主要形态；而后者主要是与 γ-Al$_2$O$_3$ 载体表面的 CeO$_2$ 晶粒相联系在一起，而这

些 CeO_2 晶粒脱硫反应的活性是很低的。脱硫剂在脱硫过程中吸收了 SO_2，密度明显增加；由于反应产物的摩尔体积比固体反应物的摩尔体积大好几倍，脱硫剂吸收 SO_2 后，形成一致密的表面层，阻碍了亚表层的 CeO_2 继续反应，使得 $CeO_2/γ\text{-}Al_2O_3$ 最佳脱硫性能的负载量远小于其单层分散阈值。

4.4.2 温度的影响

图 4.15 所示为 0.2% SO_2 时不同温度下转化率与时间的关系。由图 4.15 中可以看出，在 1500s 以内，随着温度的升高，CeO_2 转化速率提高。3000s 以后，CeO_2 转化率以较平缓的速度增长，这是由于 $CeO_2/γ\text{-}Al_2O_3$ 脱硫剂反应初期是 CeO_2 与 SO_2 和 O_2 的反应，后期是少量 $γ\text{-}Al_2O_3$ 载体与 SO_2 和 O_2 的反应。反应方程式分别为式（4.5）和式（4.1）。

$$2CeO_2 + 3SO_2 + O_2 \xrightarrow{\hspace{1cm}} Ce_2(SO_4)_3 \tag{4.5}$$

当温度高于 600℃ 以后，CeO_2 转化率大于 1。化学反应速率常数是温度的函数，从图 4.15 中可以看出，温度对 CeO_2 与 SO_2 反应速率的影响不如 CuO 与 SO_2 反应明显。

4.4.3 SO₂ 浓度的影响

图 4.16 所示为 400℃ 时不同 SO_2 浓度下 CeO_2 转化率与时间的关系。由图 4.16 可见，烟气中 SO_2 的浓度增高，使得单位时间内参与反应的 SO_2 分子数目增加，脱硫速率也增加。在脱硫反应初期，SO_2 浓度对反应速率影响很大。而到了脱硫反应后期，其影响并不明显，这是由于反应后期主要发生的是 $γ\text{-}Al_2O_3$ 载体与 SO_2 的反应。

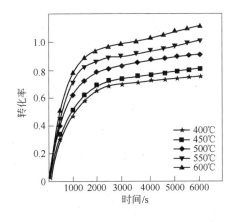

图 4.15　0.2% SO_2 时不同温度下转化率与时间的关系

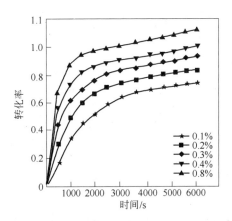

图 4.16　不同 SO_2 浓度下 CeO_2 转化率与时间的关系

4.4.4　O₂ 的影响

在研究 O₂ 浓度对脱硫性能的影响时，烟气净化的实际操作范围内 O₂ 体积分数选为 3% ~7%，因为通常情况下烟气中 O₂ 浓度要远远大于 SO₂ 浓度。由图 4.17 可见，气相中的氧浓度不影响转化率随时间的变化，CeO₂ 转化率基本保持不变。

稀土氧化物 CeO₂ 是较好的助催化剂组分，具有极好的储存氧和释放氧的能力，它在氧化还原反应中主要表现出 Ce^{4+}/Ce^{3+} 的相互转化，能使催化剂活性中心离子的价态降低。CeO₂ 在富燃/贫燃不断变换的振荡气氛中起到氧的缓冲作用，并已在汽车尾气净化处理中显示出很大的应用潜力。CeO₂ 在催化剂中还能起分散性能，增进催化剂的热稳定性和抗烧结能力、抗积炭等作用。CeO₂ 可以提高此类催化剂的储氧能力，使催化剂的储氧量增加，活性提高。在 CeO₂/γ-Al₂O₃ 脱硫实验中并没有体现出 CeO₂ 的储氧能力变化，可能是 O₂ 含量变化幅度太小，CeO₂ 还没有释放储存的 O₂，即没有发生 Ce^{4+}/Ce^{3+} 价态的转化。

4.4.5　水蒸气的影响

图 4.18 所示为不同水蒸气含量下转化率与时间的关系曲线。从图 4.18 可以看出，改变水蒸气含量对 CeO₂ 与 SO₂ 的反应几乎没有影响，但在水蒸气存在的情况下，γ-Al₂O₃ 载体表面羟基数目增加，SO₂ 的反应量增加。随着水蒸气含量的增加，脱硫反应前期并没有明显的变化，表明过量的水蒸气对 CeO₂/γ-Al₂O₃ 吸附剂脱硫反应的影响不大。

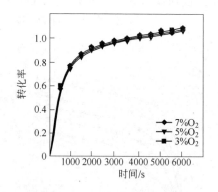

图 4.17　不同 O₂ 含量下时间与
转化率的关系

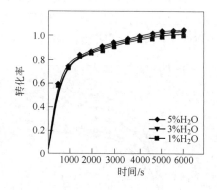

图 4.18　不同水蒸气含量下转化率与
时间的关系

4.5　CuO-CeO₂/γ-Al₂O₃ 脱硫性能实验

由于复合金属氧化物比单一金属氧化物具有更好的脱硫性能，人们对一些复合金属氧化物给予较多的关注。复合金属氧化物与金属氧化物不同，其结构常有晶格缺陷，组成元素为非化学计量，而且离子易变形，在一些催化反应中有特殊的功能。在实际应用过程中，往往要将复合金属氧化物负载在载体上，然后将制备好的吸附剂在中等温度下让含 SO_2 的烟气通过，金属氧化物与 SO_2 在氧化性气氛下反应生成金属硫酸盐，待饱和后将吸收剂取出，用还原性气体进行还原，得到金属氧化物作为吸收剂循环使用。根据对 $CuO/γ-Al_2O_3$ 吸附剂、$CeO_2/γ-Al_2O_3$ 吸附剂的脱硫性能测试，得到最佳的 CuO、CeO_2 的负载量。为了寻求最佳的脱硫效果，对 CuO 与 CeO_2 混合负载于 $γ-Al_2O_3$ 载体表面的吸附剂的脱硫性能进行了测试，实验温度确定为 400℃，SO_2 浓度为 0.2%。CuO 与 CeO_2 的加入量分别为 0.12CuAl 和 0.03CeAl，实验结果如图 4.19 所示。

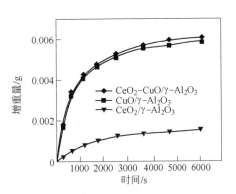

图 4.19 CuO 与 CeO₂ 同时负载与单独负载脱硫增重对比

从图 4.19 可以看出，同时负载与单独负载之间没有加和关系，也就是说过多的活性组分不一定会意味着好的脱硫效果。从图 4.20 和图 4.21 可以看到，改变活性组分的负载顺序几乎对脱硫效果没有影响。很可能是通过 CeO_2、CuO 同时吸附 SO_2 时，SO_2 首先吸附在活性较大的 CuO 活性中心，反应后生成的硫酸盐又阻碍了 CeO_2 吸附 SO_2，使得 CeO_2 的脱硫能力没有体现处理，降低了整个吸附剂的脱硫活性。

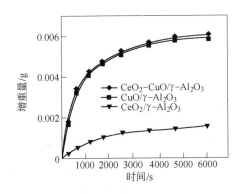

图 4.20 先负载 CeO₂ 再负载 CuO 与单独负载增重对比图

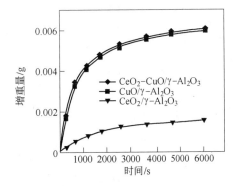

图 4.21 先负载 CuO 再负载 CeO₂ 与单独负载增重对比图

Akyurtlu 等人对 $CuO-CeO_2/γ-Al_2O_3$ 吸附剂同时脱硫、脱氮性能进行了研究[49]，发现 CeO_2/γ-Al_2O_3 吸附剂在相对较高的温度范围（823～900K）内是一种很好的可再生的烟气脱硫剂，增加 CuO 后，能够将 CeO_2 的脱硫反应温度降低到773K，铈的硫酸盐能够成为选择性催化还原剂，甚至在更高的温度下也是这样的。在 723～823K 范围内，CuO-CeO_2/γ-Al_2O_3 吸附剂比 CuO/γ-Al_2O_3 和 CeO_2/γ-Al_2O_3 吸附剂单独使用时具有较大的硫容和反应速率，脱硫性能表现最佳状态时 CuO 与 CeO_2 的摩尔比为 1:1。CuO-CeO_2/γ-Al_2O_3 吸附剂的活性组分在接近单分子层分布时硫容反而会降低。也有研究认为[151]，CuO-CeO_2/γ-Al_2O_3 作为催化剂脱氮使用时，CeO_2 既能起到稳定 γ-Al_2O_3 载体的作用，也能起到促进活性组分分散的作用。单一组分的 Ce 加入 CuO/γ-Al_2O_3 吸附剂中对增加脱硫量的影响不大。CeO_2 的加入没有改变 CuO/γ-Al_2O_3 吸附剂的脱硫性能，也就意味着 CeO_2 的加入既没有促进 γ-Al_2O_3 载体上 CuO 的分散，也没有抑制 CuO 的分散。

根据 Centi 等人提出的 SO_2 在铝基铜催化剂上生成硫酸盐的氧化—吸附机理[152]，作为吸附活性位点的晶格氧的存在和可迁移性对于脱硫反应具有至关重要的作用。已知 CeO_2 是一种高非化学计量的化合物，具有晶格氧的可迁移性和 Ce^{4+} 的稳定性，在所处气氛的氧化还原势发生变化时，其氧化态能发生相当快的变化，显示出它的储氧功能。因此，当 CuO/γ-Al_2O_3 上添加 Ce 时，Ce 可能增加其表面活性吸附位点（晶格氧），并且加速生成硫酸盐的转移，使活性位点再生更快。如负载的贵金属机动车尾气净化催化剂中利用稀土的储氧和催化作用，将其加入催化剂活性组分中，能提高催化剂的抗铅和硫中毒性能、耐高温稳定性，并能改善催化剂的空燃比工作特性。

4.6　助剂对 CuO-CeO_2/γ-Al_2O_3 脱硫性能的影响

4.6.1　助剂的选择

在吸附剂中加入的另一些物质，本身不具活性或活性很小的物质，但能改变吸附剂的部分性质，如化学组成、离子价态、酸碱性、表面结构、晶粒大小等，从而使吸附剂的活性、选择性、抗毒性或稳定性得以改善。但当单独使用这些物质时，没有催化活性或只有很低的活性，这些添加物质就称为助催化剂（简称助剂）。通常助剂在吸附剂中存在着最适宜的含量，按照助剂的作用机理，主要分为两种：（1）结构型助剂，用于增进活性组分的比表面积或提高活性构造的稳定性，如氨合成用的铁-氧化钾-氧化铝催化剂中的氧化铝。（2）调变型助剂，可对活性组分的本性起修饰作用，因而改变其比活性。

大多数结构性助剂是熔点及沸点较高、难还原的金属氧化物。将这些氧化物加入易被还原的金属氧化物中去时，可以稳定所形成的金属结构。调变性助剂的作用是改变吸附剂主要组分的化学组成、电子结构（化合形态）、表面性质或晶型结构，从而提高吸附剂的活性和选择性。许多氧化物吸附剂的活性中心是发生在靠近表面的晶格缺陷，少量杂质或附加物对晶格缺陷的数目有很大影响，助剂实际上可看成加入吸附剂中的杂质或附加物。助剂可以元素状态加入，也可以化合物状态加入。有时加入一种，有时则加入多种，几种助剂之间也可以发生交互作用。助剂的影响主要表现在对反应活性的影响：一种是由于加入助剂可提高活性，使整个反应的活化能下降，如调变性助剂；另一种是加入助剂虽不改变反应的活化能，但能使吸附剂的固有活性持久、稳定，如结构性助剂，在工业上可降低反应温度，提高产率或转化率。此外，加入助剂还可提高吸附剂的热稳定性、寿命和选择性。

常用作助剂的物质主要包括碱和碱土金属、贵金属、稀土金属、过渡金属、酸碱及部分无机物，可以是元素，也可以是化合物，以氧化物居多。Na 和 Cr 作为最有效的两种助剂，其对动力学参数的影响方式却明显不同。Na 能较大幅度地降低反应的活化能，在低温下的表现优于高温条件，属于调变型助剂，这里选取和 Na 同族的含 K 化合物作为助剂添加到 0.06Cu0.06CeAl 中，考察它们对脱硫活性的影响，没有研究它们对吸附剂稳定性和寿命的影响。

4.6.2 助剂 KCl、K$_2$SO$_4$ 的影响

实验条件为：熔盐：γ-Al$_2$O$_3$ = 1∶10（质量比），其中加入 KCl 0.02g，K$_2$SO$_4$0.05g，单独加入 KCl 时是 0.053g，实验温度是 450℃。无添加剂和加入 KCl、KCl + K$_2$SO$_4$ 后 0.06Cu0.06CeAl 吸附剂脱硫增重曲线如图 4.22 所示。

将加入 KCl 和不加 KCl 的曲线对比，可以看出加入 KCl 后反应速率比

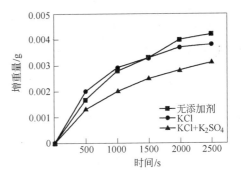

图 4.22 无添加剂和加入 KCl、KCl + K$_2$SO$_4$ 后 0.06Cu0.06CeAl 吸附剂脱硫增重曲线

不加 KCl 快一些，反应后期总的脱硫增重量反而比不加 KCl 要低一些。KCl 作为助剂改善 0.06Cu0.06CeAl 吸附剂的脱硫效果并不明显。加入 K$_2$SO$_4$ 后反应速率和增重明显降低，很可能是吸附剂表面的硫酸盐影响了 SO$_2$ 的吸附。若将 0.05g K$_2$SO$_4$ 的质量转变为无添加剂，且完全由烟气中 SO$_2$ 和 O$_2$ 引起的质量增加，由式（4.4）可计算出增重量为 0.023g。从图 4.22 可看出增重量约减少 0.001g，表明不是所有 SO$_4^{2-}$ 都占据在 CuO 的活性位上，仅仅是一部分而已。

也有人认为当 Ce 作为单一组分的 Ce 加入脱硫剂中对活性改善不大[153]，但是和 Na 复合负载时，却表现出强烈的协同效应：一方面，脱硫反应的活化能降低幅度在各样品中居于首位；另一方面，在 300～400℃下其速率常数与 Cu5/Na/Cr 持平，温度越低优势越明显，揭示 Ce 是极具潜力的低温脱硫反应促进剂。这可能与稀土氧化物的顺磁性、晶格氧的移动性、阳离子的可变价以及表面碱性有本质的联系。

添加 NaCl 后[154]，脱硫剂的循环使用次数能够到 30 次，这是由于加入 NaCl 能够降低脱硫的反应温度，避免了活性位的活性衰退。只有 Cl 形式引入的 Na 盐才有明显的硫容增强作用，CO_3^{2-} 和 F^- 增强作用不明显。

卢冠忠等人研究认为[155]，在 Cu-Ce-O/γ-Al$_2$O$_3$ 体系中 Cu 的微环境因 Ce 的存在而变化，提高了吸附氧的强度，甚至具有部分晶格氧的性能。同时 Ce 的加入能提高还原态 CuO/γ-Al$_2$O$_3$ 的再氧化活性，单一的 Cu 或 Ce 的吸氧量相差无几，约 0.5mL/g，但 Cu-Ce-O 的吸氧量却可增加到 1.34mL/g，可见 CuO-CeO$_2$ 在吸氧再生上有协同作用。该脱硫反应中，Na 盐的存在和促进使得 Ce 的催化作用表现更为突出，揭示 Cu-Na-Ce 三者之间存在着更强烈的协同作用，但具体的机理尚待进一步的探讨。

4.6.3 温度的影响

加入 KCl 0.02g，K$_2$SO$_4$ 0.05g，分别在 450℃和 550℃时进行脱硫实验，结果如图 4.23 所示。

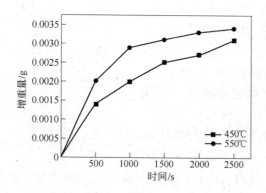

图 4.23　KCl + K$_2$SO$_4$ 加入 0.06Cu0.06CeAl
吸附剂不同温度下的脱硫增重曲线

可以看出，温度对吸附剂脱硫有一定的影响，温度越高，吸附剂脱硫增重量越大，表明化学反应受温度的影响显著。加入助剂的主要作用是增大表面，防止烧结，温度升高时防止和减慢微晶体的生长，提高吸附剂主要组分的结构稳定性。

　　为了增加吸附剂的脱硫效率，Jeong 采用热重分析方法研究了添加碱金属后 $CuO/\gamma\text{-}Al_2O_3$ 吸附剂的脱硫效果[154]。研究发现，添加碱金属后能够降低和吸附剂发生体相脱硫的温度范围，增加脱硫量。添加 LiCl 后 450℃ 以上时 $CuO/\gamma\text{-}Al_2O_3$ 吸附剂的脱硫产物主要是 $Al_2(SO_4)_3$，这是由于发生了 $\gamma\text{-}Al_2O_3$ 载体深度脱硫。进一步研究表明，在 500℃、脱硫时间 3h 后，添加 LiCl 的 $CuO/\gamma\text{-}Al_2O_3$ 吸附剂脱硫量是未添加 LiCl 情况下的 3 倍，$CuO/\gamma\text{-}Al_2O_3$ 吸附剂发生体相脱硫的温度降低 80℃，$CuO/\gamma\text{-}Al_2O_3$ 吸附剂脱硫的循环使用次数能够增加到 30 次，认为添加碱金属后 $CuO/\gamma\text{-}Al_2O_3$ 吸附剂脱硫性能得到提高。

5 吸附剂脱硫反应动力学

5.1 概述

反应动力学主要是研究化学反应速率、方向以及各种因素对化学反应速率的影响。绝大多数化学反应并不是按化学计量式一步完成的，而是由多个基元反应所构成，反应进行的这种实际历程也称为反应机理。化学反应工程也进行反应动力学的研究工作，化学反应工程通过实验测定，来确定反应物系中各组分浓度和温度与反应速率之间的关系，以满足反应过程开发和反应器设计的需要。反应速率方程表示反应温度和反应物系中各组分的浓度与反应速率之间的定量关系。通过研究反应速率方程，可以掌握反应过程的规律，便于实现对反应过程的优化。

根据所研究的反应的特性，如热效应的大小、反应产物的种类、转化率范围等，应选用合适的实验反应器。这主要是从取样和分析是否方便、可靠、是否能够维持等温、过程是否稳定等角度来考虑的。实验所用吸附剂固体物通常呈颗粒状，粒径范围 $0.02 \sim 0.05\,mm$，平铺成一薄层，且该薄层静止不动，烟气流体通过薄层进行反应，以固相反应物的质量变化为测定对象，这是一种简单的固定床反应器。固定床的动力学研究方法有积分法和微分法。积分法是指在反应器进出口浓度有显著差别的条件下，测定反应物进出口浓度与反应时间的关系；微分法是指进出口浓度差别较小的条件下，测定反应速率与浓度的关系，在转化率范围内，转化率可当作常数。积分法的特点是反应器结果简单，实验方便，由于转化率高，对取样和分析要求不严；微分法的优点是可以直接求出反应速率，容易做到等温，但分析精度相应地要高得多。

由于整个吸附剂脱硫实验都是在热重天平上进行的，吸附 SO_2 导致烟气中 SO_2 浓度变化转化为固体反应物的质量变化，按增重量-时间关系作图，得到不同时间、不同反应温度下的增重量，该曲线的斜率就代表该点的反应速率，动力学研究方法来看是积分法。在第 3 章，通过改变粒径、气体流量和试样加入量的方法，已经消除内外扩散的影响，本章动力学研究就没有考虑内外扩散的影响，而仅仅从化学反应的角度来进行研究。排除一切非化学因素的影响，反应过程处于动力学控制区域，测得的速率称为本征反应速率，相应的动力学称为本征动力学（或微观动力学）。吸附剂脱硫的过程实际上是不断地吸附 SO_2 的过程，从吸附的角度分析负载 CuO、CeO_2 脱硫过程比较符合实际情况。

吸附剂的脱硫反应是一类特殊的气固反应，SO$_2$通过脱硫反应与吸附剂发生作用，生成固体硫酸盐。为了进一步确定脱硫反应过程中可能的反应途径，需借助各种可能的间接方法，包括研究各种因素对反应速率的影响，反应产物的形态等，这些因素如何影响反应速率与反应机理有关，通过测定和分析这些因素对反应速率的影响，可以获得有关反应机理的信息。

5.2 CuO/γ-Al$_2$O$_3$ 脱硫反应分析

5.2.1 CuO/γ-Al$_2$O$_3$ 脱硫反应途径分析

图5.1所示为0.12CuAl脱硫前后的IR谱图。从图中可以看到，0.12CuAl脱硫前后始终有 OH 的振动吸收峰（3448cm^{-1}和1634cm^{-1}）的存在，这是由于0.12CuAl脱硫剂本身具有较大的比表面积，在空气中可以吸收水分，而在脱硫反应的过程中，烟气中也含有大量水分，因此从 IR 谱图上可以看到明显的 OH 的振动吸收峰。在没有脱硫的吸附剂上还可以看到一较小的1535cm^{-1}峰，这是由于吸附剂在空气中发生少量CO$_2$吸附造成的。同时出现 SO$_4^{2-}$ 振动峰（1153cm^{-1}），表明 CuO 转化为CuSO$_4$。文献［156］指出在较低负载量时，CuSO$_4$ 的振动吸收峰会向低波数迁

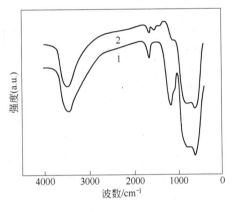

图5.1 0.12CuAl 脱硫产物 IR 谱图
1—0.12CuAl 硫化产物；2—0.12CuAl

移并发生分裂，由于γ-Al$_2$O$_3$ 载体的影响，从图5.1 中并没有观察到这一现象。从图上也没有观察到SO$_3^{2-}$ 的谱峰（900cm^{-1}），可能是由于在较高温度下，O$_2$ 过量的情况下，SO$_3^{2-}$ 不会稳定地存在，而主要是以 SO$_4^{2-}$ 形式存在。

关于 CuO/γ-Al$_2$O$_3$ 吸附剂脱硫反应的过程有两种途径：

（1）吸附—氧化：

$$SO_2 + MO \Longrightarrow MSO_3 \qquad (5.1)$$

$$MSO_3 + 1/2O_2 \Longrightarrow MSO_4 \qquad (5.2)$$

（2）催化—吸附；

$$SO_2 + 1/2O_2 \Longrightarrow SO_3 \qquad (5.3)$$

$$SO_3 + MO \Longrightarrow MSO_4 \qquad (5.4)$$

第二种途径是将 SO$_2$ 催化氧化为 SO$_3$ 再吸附。在金属-氧-硫体系中，存在亚

硫酸盐、硫酸盐的分解及 SO_2 被催化氧化为 SO_3 的可能性，它是一种氧化吸附途径。如果反应是这样的话，那么在排放的尾气中应该能够检测到 SO_3 的存在。作者没有对尾气成分进行检测，但 Waqif 指出在排放的尾气中没有检测到 SO_3[28]，因此这种途径发生的可能性不大，应该是 SO_2 先吸附再被氧化的第一种途径。

分析脱硫反应的过程首先要从分析 $CuO/\gamma-Al_2O_3$ 吸附剂的结构开始。在较低负载量时，CuO 呈孤立态存在。此时大部分 Cu^{2+} 进入正八面体空隙。从第 2 章 $CuO/\gamma-Al_2O_3$ 吸附剂的 TPR 试验结果看出，负载的 CuO 氧化能力下降，这是由于 Cu 与载体强烈的相互作用所致，相对来说，负载的 CuO 还原能力就会加强。SO_2 分子中 S 原子有空的电子轨道，O^{2-} 有孤对电子，SO_2 分子容易结合在 CuO 的 O 位上，使得氧位上的 O 向吸附的 SO_2 倾斜，并配位成键，留下空的氧位。发生吸附后的 SO_2 称为 SO_3^*。但是 Centi 等人认为吸附态的 SO_3^* 要向 Al 位迁移，形成 $Al_2(SO_4)_3$[26,27]。作者认为这种可能性非常小，甚至即使发生的话也可以忽略不计（详见第 6 章）。而此时 Cu 的活性增强，然后烟气中 O_2 分子吸附到空的氧位，重新形成 CuO，吸附的 SO_3^* 再与 CuO 作用，形成 $CuSO_4$，完成了脱硫过程。

为了证实上述过程，作者做了 SO_2 和 O_2 单独吸附的试验，结果如图 5.2 所示。

从图 5.2 中可以看出，脱硫反应在缺氧状态下也发生反应，但转化率明显小于有 O_2 状态，这是由于缺少了 O_2，增重量变小，导致转化率降低。同时也表明 O_2 的存在对吸附反应不是必不可少的。这进一步验证了 $CuO/\gamma-Al_2O_3$ 脱硫过程首先发生 SO_2 的吸附，再发生亚硫酸盐的氧化。水蒸气对 $CuO/\gamma-Al_2O_3$ 吸附剂脱硫试验的影响如图 5.3 所示。可以看出，在脱硫反应的前期阶段，水蒸气几乎对吸附剂没有什么影响，而在反应后期才稍微有了一点影响，这是由于 H_2O 存在

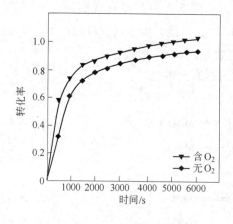

图 5.2 O_2 对 $CuO/\gamma-Al_2O_3$
脱硫反应的影响

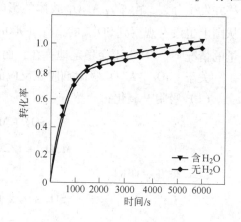

图 5.3 H_2O 对 $CuO/\gamma-Al_2O_3$
脱硫反应的影响

时 γ-Al₂O₃ 载体表面存在大量羟基，导致 SO₂ 的吸附量增加。

5.2.2 0.12CuAl 吸附剂比表面积

0.12CuAl 吸附剂脱硫反应前后及脱硫产物还原后比表面积、孔体积、平均孔径见表5.1。孔径分布如图5.4所示。

表 5.1 0.12CuAl 吸附剂脱硫反应前后及脱硫产物还原后比表面积、孔体积、平均孔径

吸附剂	脱硫时间/s	比表面积/m²·g⁻¹	孔体积/mL·g⁻¹	平均孔直径/nm
新鲜脱硫剂		138.1	0.5037	14.59
脱硫后脱硫剂	5000	125.0	0.4146	13.26
再生后脱硫剂	5000	140.3	0.5287	14.24
脱硫后脱硫剂	12000	360.8	1.166	12.93

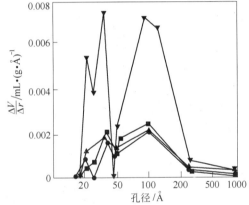

● 新制备吸附剂
■ 硫化后吸附剂(硫化时间5000s)
▲ 再生后吸附剂(硫化时间5000s,还原时间3000s)
▼ 硫化后吸附剂(硫化时间12000s)

图 5.4 0.12CuAl 吸附剂脱硫前后及
再生后孔径分布(1Å = 0.1nm)

从表5.1中可以看出，吸附剂经过5000s脱硫后的比表面积、孔体积、平均孔径要比脱硫前降低；再生后，比表面积、孔体积、平均孔径能够恢复到脱硫前的水平。但是经过12000s较长时间的脱硫后，吸附剂的比表面积和孔体积反而变大，甚至超过了纯 γ-Al₂O₃ 载体的比表面积值（277.8m²/g）。

升压过程的吸附等温线和降压过程的脱附曲线，在压力较高的部分并不重合，形成所谓的吸附回线。吸附回线的形成是由于吸附过程中随着相对压力的增加，便有相应的 Kelvin 半径的孔发生毛细凝聚。增压之后再进行减压，将会出现

吸附质逐渐解吸蒸发的现象，由于中孔的具体形状已经不同，同一个孔发生凝聚与蒸发时的相对压力可能不同，于是吸附-脱附等温线便会形成两个分支，也就是吸附回线。

　　一种物质的吸附、脱附等温线中包含了丰富的孔结构信息。BDDT 吸附等温线分类在国际学术界曾被广泛接受，并用于在吸附相平衡研究中解释各种吸附机理。根据 BDDT 分类方法，吸附等温线可分为 5 种类型[157]。然而随着对吸附现象研究的深入，BDDT 的 5 类吸附等温线已不能描述和解释一些新的吸附现象，因此人们又通过总结和归纳，提出了 IUPAC 的 6 类吸附等温线，该分类是对 BDDT 吸附等温线分类的一个补充和完善，如图 5.5 所示。

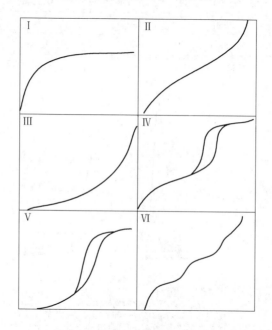

图 5.5　IUPAC 等温线的 6 种分类

　　类型 I 表示在微孔吸附剂上的吸附情况；类型 II 表示在大孔吸附剂上的吸附情况，此处吸附质与吸附剂间存在较强的相互作用；类型 III 也表示为在大孔吸附剂上的吸附情况，但此处吸附质分子与吸附剂表面间存在较弱的相互作用，吸附质分子之间的相互作用对吸附等温线有较大影响；类型 IV 是有着毛细凝结的单层吸附情况；类型 V 是有着毛细凝结的多层吸附情况；类型 VI 是表面均匀的非多孔吸附剂上的多层吸附情况。

　　毛细凝结现象的引入是 IUPAC 的 6 种分类对于 BDDT 分类的最重要的补充。毛细凝结现象，又称吸附的滞留回环，也称做吸附的滞后现象。吸附等温曲线与脱附等温曲线的互不重合形成了滞留回环。这种现象多发生在中孔吸附剂当中。

IUPAC 将吸附等温线滞留回环的现象分为了 4 种情况[158]，如图 5.6 所示。

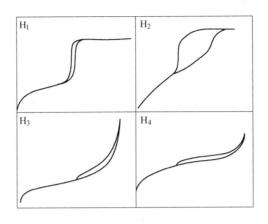

图 5.6　IUPAC 滞后环分类

第一种 H_1 情况，滞留回环比较狭窄，吸附与脱附曲线几乎是竖直方向且近乎平行。这种情况多出现在通过成团或压缩方式形成的多孔材料中，这样的材料有着较窄的孔径分布。

第二种 H_2 情况，滞留回环比较宽大，脱附曲线远比吸附曲线陡峭。这种情况多出现在具有较宽的孔径和较多样的孔型分布的多孔材料当中。

第三种 H_3 情况，滞留回环的吸附分支曲线在较高的相对压力下也不表现出极限吸附量，吸附量随着压力的增加而单调递增。这多出现在具有狭长裂口型孔状结构的片状材料当中。

第四种 H_4 情况，滞留回环也比较狭窄，吸附、脱附曲线也近乎平行，但与 H_1 不同的是两分支曲线几乎是水平的。

在实际中，往往只是在某一类型的孔起主导作用或者孔的横截面呈某一类型的时候才能出现该类型特有的滞后环。如果这些条件不满足的话，那么将会得到倾斜的滞后环。本实验测得的就是倾斜的滞后环，这种类型滞后环是裂缝形孔和楔形孔的组合。图 5.7 所示为经不同脱硫时间后吸附剂的 N_2 吸附-脱附等温线。

从脱附等温线与吸附等温线的重合情况也可以看出，吸附剂中不同孔结构的情况。一般而言，在某一相对压力时，吸附-脱附等温线分离程度越大，意味着与此对应的孔的类型越多；吸附-脱附等温线在 $p/p_0 > 0.75$ 时呈现较大分离，说明其中孔和大孔含量较高；吸附-脱附等温线在 $p/p_0 > 0.3$ 以上的分离现象表示中孔的存在；而在 $p/p_0 < 0.3$ 以下的分离现象表示微孔的存在，其中 p_0 为气体吸附质在沸点时的饱和蒸气压；p 为测定吸附量时所选用的某一分压。图 5.7 显示长时间脱硫剂的吸附-脱附曲线的滞后环在 $p/p_0 > 0.3$ 以后才出现，因此可以认为微孔很少，这与脱硫前后孔径分布的图是一致的。两个滞后环的存在表明在介孔区域可能存在着两个相对集中的孔径范围，从图 5.4 上可以看到这两个范围大约为 0.2 ~ 5nm、5 ~ 20nm。

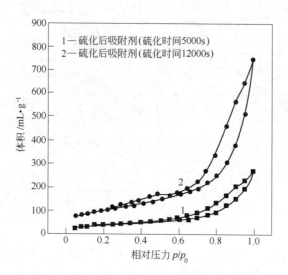

图 5.7   0.12CuAl 吸附剂 N_2 吸附-脱附等温线

文献中关于 $CuO/\gamma\text{-}Al_2O_3$ 吸附剂脱硫前后比表面积的变化有两种不同的看法：一种是认为脱硫剂脱硫后由于脱硫产物 $Al_2(SO_4)_3^{[159]}$ 或者 $CuSO_4^{[150]}$ 的塞孔效应，导致比表面积减小；另一种说法是经过脱硫后由于以前关闭的微孔打开[23]，使得比表面积增加。实验表明这两种情况可以同时存在。在 BET 检测过程中，随着温度的升高，$\gamma\text{-}Al_2O_3$ 比表面积会增加，达到 400℃ 又会降低[121]，这表明载体表面 OH 与脱硫剂的比表面积有着密切的关系。目前对 $\gamma\text{-}Al_2O_3$ 载体表面结构的研究还没有达到完全一致的认识。其原因在于[65]：

（1）氧化铝有 8 种以上的变体，很难准确地得到一种完全单纯的形态。

（2）氧化铝制备过程中总会或多或少引入少量杂质离子。例如一些阴离子的存在就会增加氧化铝的表面酸性。

（3）即使是很纯的氧化铝样品，也总含有百分之几的微量水分。这些吸附水或以 H_2O 的形式，或以 OH^- 的形式存在于表面。甚至在 800 ~ 1000℃ 和真空下焙烧，氧化铝仍然会保留千分之几的水分。

Peri 等人提出了一个尖晶石型氧化铝表面结构模型[160]。根据 Peri 计算结果，在不构成脱羟基表面缺陷的约束条件下，统计地处理，由相邻羟基脱水可以除去 67% 的表面羟基。其次取消上述约束条件，脱水进行到不存在相邻羟基时为止，可以除去 90.4% 的表面羟基（见图 5.8）。

除去剩下的 9.6% 的表面羟基，必须有 H^+ 或者 OH^- 在表面的移动，这种表

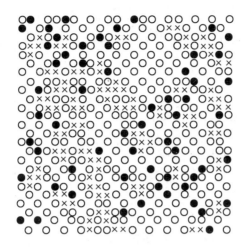

●: OH⁻
○: O²⁻
×: 2个以上裸露
Al³⁺相连的部分

图 5.8   除去 90.4% 表面羟基的表面（没有残余的相邻羟基）

面移动将使缺陷数目倾向于最小。由这些结果，Peri 提出 Al₂O₃ 的强路易斯酸中心，是脱水露出的 Al 离子中含有 2～3 个相邻的 Al 离子的脱羟基表面那样的缺陷。这种酸中心模型虽然具体，但含有很多大胆的假定，并且存在着酸量比根据强吸附实测值大 4～5 倍等一些问题。可以确定，Al₂O₃ 表面的强路易斯酸中心是表面露出的不饱和配位的 Al 离子。但是，为什么只有 γ-Al₂O₃ 上才形成特别强的路易斯酸中心，仍然没有弄清楚。

　　根据这种模型，对晶面的（100）面而言，表面干燥氧化铝的表面第一层是由氧离子构成，氧离子与第二层铝离子相连接，其量只为第二层氧离子数的一半。因此，有一半的铝离子将暴露于表面上。第二层的氧离子数正好符合 Al₂O₃ 的 Al/O 比。完全水合后的状态是：第二层的铝离子上都连接有 OH⁻。脱水时，由两个相邻的 OH⁻ 脱去一分子水，因只有 2/3 的 OH⁻ 被除去，故脱水后还残留一个 OH⁻ 及一个暴露的铝离子。这个只与 3 个氧离子相连的暴露的铝离子部位就是活性中心，可以吸附水、氨等多电子化合物。脱附时是质子转移到相邻的氧离子上形成 OH⁻。脱水和吸水的过程如图 5.9 所示。

　　可以看出，表面羟基的脱除是可逆的。SO₂ 能较弱地吸附在路易斯酸位置上，但是能够较强地吸附在碱位 O²⁻ 和碱性 OH⁻ 基团上。当脱硫时间较短（5000s）时，主要发生 CuO 和 CeO₂ 的吸附反应，可以不用考虑 γ-Al₂O₃ 载体与 SO₂ 的反应，CuO 和 CeO₂ 与 SO₂ 和 O₂ 发生反应后，导致 CuO 和 CeO₂ 的摩尔体积增加，比表面积变小。但是当脱硫时间较长（12000s）时，在这些较强吸附位上吸附的 SO₂ 形成的亚硫酸盐在一定条件下能够被氧化为硫酸盐，使得这些活性位难以再吸附水分，可供吸附羟基的位大大减少，使得此时打开的微孔能够保留

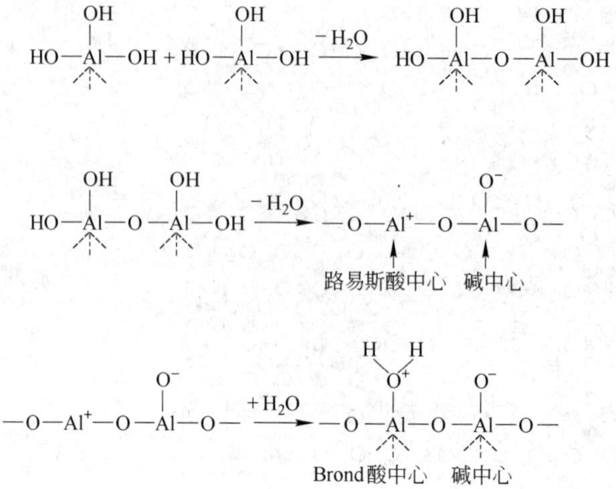

图 5.9　γ-Al$_2$O$_3$ 载体表面 H$_2$O 吸附、脱附示意图

下来，尽管生成硫酸盐会造成摩尔体积的增加，但增加的这一部分难以抵消载体微孔的打开造成比表面积的增加，使总的比表面积大大超出了载体在较短脱硫时间的比表面积。

5.3　CeO$_2$/γ-Al$_2$O$_3$ 脱硫反应分析

　　X 射线光电子能谱（XPS）是一种表面灵敏的分析方法，其表面采样深度为 2.0 ~ 5.0nm，它提供的仅是表面上的元素含量，与体相成分会有很大的差别，具有很高的表面检测灵敏度。XPS 也被称做化学分析用电子能谱（ESCA）。该方法是在 20 世纪 60 年代由瑞典科学家 KaiSiegbahn 教授发展起来的。在 XPS 分析中，由于采用的 X 射线激发源的能量较高，不仅可以激发出原子价轨道中的价电子，还可以激发出芯能级上的内层轨道电子，其出射光电子的能量仅与入射光子的能量及原子轨道结合能有关。因此，对于特定的单色激发源和特定的原子轨道，其光电子的能量是特征的。当固定激发源能量时，其光电子的能量仅与元素的种类和所电离激发的原子轨道有关。因此，可以根据光电子的结合能定性分析物质的元素种类。

　　一定能量的 X 射线照射到样品表面，和待测物质发生作用，可以使待测物质原子中的电子脱离原子成为自由电子。该过程可用下式表示：

$$E_k = h_\nu - E_b - \phi_s \tag{5.5}$$

式中，E_k 为出射的光电子的动能，eV；h_ν 为 X 射线源光子的能量，eV；E_b 为特定原子轨道上的结合能，eV；ϕ_s 为谱仪的功函数，eV。

　　谱仪的功函数主要由谱仪材料和状态决定，对同一台谱仪基本是一个常数，与样品无关，其平均值为 3~4eV。

$$h_n = E_k + E_b + E_r \tag{5.6}$$

式中，h_n 为 X 射线光子的能量；E_k 为光电子的能量；E_b 为电子的结合能；E_r 为原子的反冲能量。

式 (5.6) 中 E_r 很小，可以忽略。对于固体样品，计算结合能的参考点不是选真空中的静止电子，而是选用费米能级，由内层电子跃迁到费米能级消耗的能量为结合能 E_b，由费米能级进入真空成为自由电子所需的能量为功函数 Φ，剩余的能量成为自由电子的动能 E_k，式 (5.6) 又可表示为：

$$h_n = E_k + E_b + \Phi \tag{5.7}$$

$$E_b = h_n - E_k - \Phi \tag{5.8}$$

仪器材料的功函数 Φ 是一个定值，约为 4eV，入射 X 射线光子能量已知，这样，如果测出电子的动能 E_k，便可得到固体样品电子的结合能。各种原子、分子的轨道电子结合能是一定的。虽然出射的光电子的结合能主要由元素的种类和激发轨道所决定，但由于原子外层电子的屏蔽效应，芯能级轨道上的电子的结合能在不同的化学环境中是不一样的，有一些微小的差异。这种结合能上的微小差异就是元素的化学位移，它取决于元素在样品中所处的化学环境。元素获得额外电子时，化学价态为负，该元素的结合能降低。反之，当该元素失去电子时，化学价为正，XPS 的结合能增加。利用这种化学位移可以分析元素在该物种中的化学价态和存在形式。

图 5.10~图 5.12 是 $CeO_2/\gamma\text{-}Al_2O_3$ 吸附剂脱硫产物 S、O、Ce 元素的 XPS 图谱。从图 5.10 中可以看出 S2p 峰所对应的电子结合能为 169.3eV，图 5.11 显示 O1s 峰对应的电子结合能为 531.7eV，它们分别符合所给出的 SO_4^{2-} 中的 S 和 O 的电子结合能，因此 0.03CeAl 脱硫产物为硫酸盐而不是亚硫酸盐。

Ce 元素有 3 价和 4 价两种价态，而脱硫反应发生硫的吸附氧化，因此对 Ce 元素是否参与氧化反应需要鉴别。由于 CeO_2 在 $\gamma\text{-}Al_2O_3$ 载体表面呈单分子层状态存在，不能采用 XRD 方法进行鉴别，必须采用 XPS 来分析单分子层脱硫产物，如图 5.12 所示，Ce 峰所对应的电子结合能为 885.5eV。Zhang 对 Ce^{3+}、Ce^{4+} 的 XPS 进行了研究[161]，得到的数据如图 5.13 所示。将本书所做的 Ce 能谱图 5.12 与图 5.13 对照可以说明 $CeO_2/\gamma\text{-}Al_2O_3$ 脱硫后产物中 Ce 的化合价为 +3。

但也有研究报道认为脱硫产物是 $Ce(SO_4)_2$[162]，即 Ce 化合价为 +4，而不是 +3。

红外光谱分析也可用来分析元素的价键状态。将一束不同波长的红外线照射到物质的分子上，某些特定波长的红外线被吸收，形成这一分子的红外吸收光

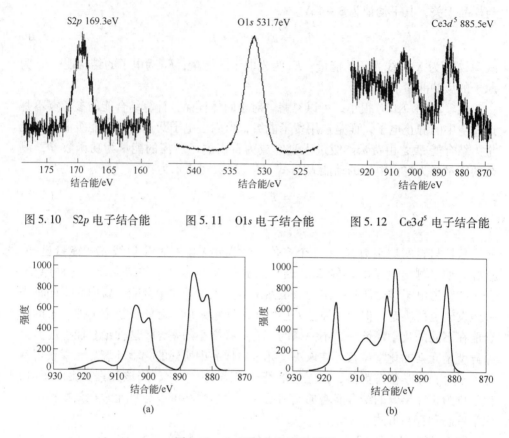

图 5.10   S2p 电子结合能   图 5.11   O1s 电子结合能   图 5.12   Ce3d⁵ 电子结合能

图 5.13   Ce 不同价态 XPS 谱图
(a) Ce_2O_3 光谱；(b) CeO_2 光谱

谱。每种分子都有由其组成和结构决定的独有的红外吸收光谱，据此可以对分子进行结构分析和鉴定。红外吸收光谱是由分子不停地做振动和转动运动而产生的，分子振动是指分子中各原子在平衡位置附近做相对运动。当分子中各原子以同一频率、同一相位在平衡位置附近做简谐振动时，这种振动方式称简正振动。分子振动的能量与红外射线的光量子能量正好对应，因此当分子的振动状态改变时，就可以发射红外光谱，也可以因红外辐射激发分子振动而产生红外吸收光谱。红外光谱分析可用于研究分子的结构和化学键，也可以作为表征和鉴别化学物种的方法。红外光谱具有高度特征性，可以采用与标准化合物的红外光谱对比的方法来做分析鉴定。

CeO_2/γ-Al_2O_3 脱硫反应产物的红外光谱如图 5.14 所示。比较曲线 1 和 2 可知，在 0.03CeAl 脱硫反应前后始终有 3448cm⁻¹ 和 1634cm⁻¹ 的振动吸收峰，该峰为 H_2O 分子中—OH 的振动吸收峰，608cm⁻¹ 处的峰为 γ-Al_2O_3 载体的振动吸收

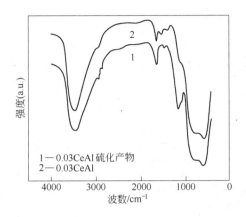

图 5.14　0.03CeAl 脱硫产物红外光谱图

峰。当 0.03CeAl 脱硫反应后，CeO_2 的振动吸收峰除 $1400cm^{-1}$ 处仍有少量吸收峰外，其余 $1527cm^{-1}$ 处振动峰完全消失，SO_4^{2-} 在 $1147cm^{-1}$ 处振动峰出现，表明 CeO_2 大部分已转化为 $Ce_2(SO_4)_3$。红外光谱分析结果进一步证实了 XPS 所做的对 S、O 化合价的分析。

SO_2 被化学吸附在 CeO_2 的 O 位上，由于 SO_2 的吸收电子能力，使 O 位向 SO_2 移动，在原来的 O 位上出现缺位，然后发生 O_2 的吸附，SO_2 被氧化为化学吸附态的 SO_3^*，在 Ce 位点反应生成与 Ce 结合的表面硫酸盐，化学吸附的 SO_3 与 Ce 位点结合生成硫酸盐物种。

为了验证上述过程，首先测定了不同气体成分对脱硫的影响。由于烟气中的 O_2 体积分数一般为 5%，远远大于 SO_2 浓度，因此仅对不通入 O_2 和通入 O_2 时 CeO_2 转化率情况作以对比，如图 5.15 所示。由图 5.15 可见，CeO_2 转化率在通入 O_2 比不通入 O_2 明显提高。这是由于在不通入 O_2 时产生的是亚硫酸铈，通入 O_2 后脱硫产物是硫酸铈，使 CeO_2 的转化率有所增加，同时也说明氧气参与了脱硫反应。

图 5.16 所示为不同水蒸气含量下 CeO_2/γ-Al_2O_3 转化率与时间的关系。由图 5.16 可以看出，是否通入水蒸气对 CeO_2 与 SO_2 的前期反应几乎没有影响，说明前期 SO_2 在 CeO_2 上的吸附与表面羟基无关，而主要是影响后期 γ-Al_2O_3 载体与 SO_2 的反应，在水蒸气存在的情况下，γ-Al_2O_3 载体表面羟基数目增加，SO_2 的反应量增加。随着水蒸气含量再增加，脱硫反应后期并没有明显的变化，表明过量的水蒸气对 CeO_2/γ-Al_2O_3 吸附剂脱硫反应的影响不大。不通入 SO_2 的情况下，单独通入 O_2，吸附剂没有增重现象发生。说明吸附剂首先发生 SO_2 的吸附，进一步验证了第一种反应途径的可能性。

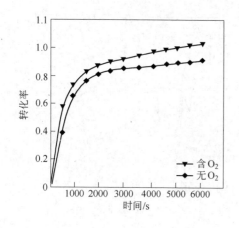

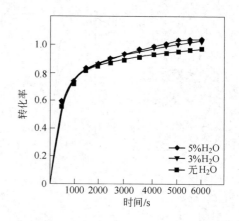

图5.15　O₂对CeO₂/γ-Al₂O₃
脱硫转化率的影响

图5.16　不同水蒸气含量下CeO₂/γ-Al₂O₃
转化率与时间的关系

5.4　反应动力学分析

5.4.1　气固反应动力学模型

　　根据气固反应的近代观点，人们认为，固体反应性能是固体结构的反映，它不仅与固体的微观结构因素（晶型、晶粒大小和晶格缺陷等）有关，而且也与固体的宏观结构因素（颗粒大小、形状、比表面积、孔隙率和孔径分布等）有关。前者对本征化学反应速度起影响，后者则决定气体在颗粒内部的传递速度。固体反应性能除与原料的原始结构有关外，还与反应过程中固体结构发生变化有关。气固反应时，两种效应会引起固体结构的变化：一种是密度效应，它由反应过程中固体反应物转化成固体生成物而产生密度变化引起的；一种是烧结效应，它是固体在高温下（低于熔点）自发填充内部空隙而引起的，这两种变化对气固反应的动力学行为会产生重要影响。

　　氧化铜、氧化铈脱硫后生成硫酸盐，相应的摩尔体积会增加，影响到邻近氧化铜、氧化铈的脱硫反应。从总量上来讲，氧化铜、氧化铈的负载量较小，由硫酸盐而引起的密度变化较小，此外，脱硫过程中为了消除吸附剂烧结产生的影响，应尽量避免在较高温度下进行脱硫。因此，在现实条件下，负载氧化铜、氧化铈烟气脱硫可不用考虑固体结构变化带来的影响。

　　气固反应动力学有多种模型，通常根据固体的性质可分为无孔隙固体与气体的反应和多孔固体与气体的反应两种类型，如图5.17所示。在气固催化反应过程中，在排除外扩散阻力但包含内扩散阻力的情况下，测得的反应速率称为催化剂颗粒表观反应速率，也称为颗粒动力学。若包含内外扩散阻力及床层不均匀流

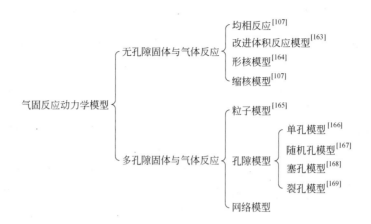

图 5.17 气固反应动力学模型分类

动等宏观因素在内，这时的表观动力学则称为床层动力学。相反，排除流动、传质、传热等传递过程影响条件下的反应动力学，只涉及化学反应本身的速率与反应组分浓度、温度、催化剂和溶剂种类的影响，则称微观动力学。描述化学反应本身的规律，相应的反应速率和速率方程，称为本征反应速率和本征速率方程。本征速率方程在形式上和表观速率方程并无差别，但方程中变量和参数的物理意义不相同。在多相催化领域，这方面已经进行了广泛的研究，但在非催化气固反应领域的研究较少。赛克莱认为，非催化气固反应可能类似于催化反应。多孔固体与气体的反应在实践中运用得很广。对于大多数孔隙性固体与气体发生的反应，在反应过程中，扩散和化学反应往往同时在固体中发生，且反应一般来说不是发生在一个明显的界面上，而是发生在一个区间内。由于吸附剂脱硫实验研究已经排除扩散可能带来的影响，因此，吸附剂的脱硫反应过程处于动力学控制区域，测得的速率称为本征反应速率，相应的动力学称为本征动力学（或微观动力学）。吸附剂脱硫的过程是不断吸附 SO_2 的过程，气固界面上的化学反应过程包括以下几步：气相反应物在固体反应物表面的化学吸附并形成中间络合物；中间络合物的转化；新相的形成和生长等。

　　固体上的吸附与吸收不同[107]，固体吸收是一种体相行为，类似于化学反应，在整个固体中进行；而吸附作为物理过程或化学过程在表面上进行，是一种表相行为。固体表面能吸附气体或液体等反应物分子，是跟表面上的固体与内部所处的状态不同有关。固体内部的原子或离子被周围的原子或离子所包围，所有价键基本上都被利用，能量处于平衡状态。而表面上的原子或离子至少朝外的一侧是空的。如晶体不完整，有些部位空的方向更多，表面上存在不饱和价键，能量处于不平衡状态，拥有独有的表面能。因而，当反应物分子靠近时，将被吸引而结合，释放出表面能，进入低能量状态。从热力学上看，吸附是一种不平衡的非稳态向平衡的稳态转移的过程，它普遍发生于气固及液固接触的时候。

5.4.2 吸附种类

吸附有物理吸附与化学吸附，均匀吸附与非均匀吸附之分。

5.4.2.1 物理吸附与化学吸附

固体表面上的物理吸附是借助于分子间的作用力，即范德华力进行的。吸附并不改变被吸附分子内部的结构，只是在表面增大了其浓度。对气体来说，这类似于液化或冷凝的物理过程。化学吸附是靠固体表面上剩余的价键力进行的，类似于化学反应。吸附过程中伴随着被吸附分子结构的改变和固体表面与气体/液体分子之间电子的给受。电子给受程度的大小不同，形成的新键可以是共价键、极性键或离子键等。化学吸附时化学键力起作用，其作用力比范德华力大得多，所以吸附位阱更深，作用距离更短。常态气体分子接近表面可首先进入物理吸附的位阱（平衡位置），这时如果给它提供适当能量越过位垒 E_a，就能进入化学吸附的位阱。在清洁金属表现为 E_a 很小，位阱的深度接近于吸附热的数值。这一过程说明化学吸附和物理吸附可同时进行。物理吸附往往是化学吸附的预备阶段。对比两种吸附，存在的主要差别是：

（1）吸附热。两种吸附绝大多数都释放出热量。但物理吸附的吸附热很小，对气体只相当于冷凝热。而化学吸附的吸附热则大出许多，接近于固体与被吸附分子的反应热，且随吸附强度大小而变化幅度较大。

（2）吸附活化能。物理吸附不需要克服活化能垒，活化能为零，进行速率很快。而化学吸附相当于化学反应，有较大的活化能。化学吸附为不可逆过程，且只能是单分子层吸附，被化学吸附的分子通常不再保持原来的样子，而是会发生离解，发生化学反应。图 5.18 所示为 Trapnell 在其专著《Chemisorption》中绘制的两种吸附进行时的位能变化曲线。

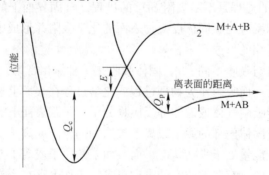

图 5.18 两种吸附的位能变化曲线

1—物理吸附的位能曲线；2—化学吸附的位能曲线

当分子 AB 向表面 M 接近时，首先发生物理吸附，沿曲线 1 进入一个稳定态，位能比起始态下降 Q_p。这一过程是自然进行的，没有要克服的能垒。当 AB 向 M 进一步接近时，便由曲线 1 转入曲线 2，开始了化学吸附过程，最终到达又一更为稳定的吸附态，位能比起始态下降 Q_c。$Q_c > Q_p$，这一转变必须越过能垒（活化能 E）才能进行。可见，两种吸附在固体表面上的吸附强度不同，物理吸附所处的能位高，属弱吸附；化学吸附的能位低，属中等吸附或强吸附。

（3）温度效应。物理吸附在常温下很容易进行，在不同的温度下吸附量受控于热力学平衡。吸附随着温度上升而减弱。化学吸附则不然，低温下进行很慢，吸附量的大小更多受控于反应速度；温度上升时，吸附增强；仅当温度上升到一定程度时才转为平衡控制；升温导致吸附的减弱。图 5.19 所示为两种吸附随温度变化的示意图。

图 5.19 中曲线 1 表示物理吸附随温度上升而减弱，吸附量正常下降。曲线 2 表示到一定温度时，化学吸附开始显著加快，吸附量反而随温度递增。曲线 3 表示温度继续上升，吸附量的大小因受平衡的影响而减小。如再行降温，吸附转移到一个新的状态。吸附量随温度的变化并不沿原来途径返回，而是按曲线 4 进行，表明被化学吸附了的分子在固体表面上键合得比较牢固，不易脱除。

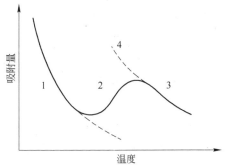

图 5.19　温度变化下物理吸附和化学吸附之间的过渡

（4）吸附层数。分子在固体表面上吸附，化学吸附数量有限，最多与表面形成一个单分子层。除了在相当高的温度下，被吸附分子向固体里层扩散而导致吸附继续加深，但这已属于固体吸收的范畴。物理吸附不然，它不仅能生成单分子层，而且类似于冷凝，会在被吸附的单分子层上生成多个分子层。图 5.20 描述了单分子层吸附与多分子层吸附的情况。

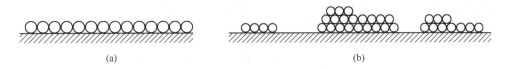

(a)　　　　　　　　　　　　　(b)

图 5.20　在固体吸附时可能形成的分子层数

（a）单分子层吸附；（b）多分子层吸附

（5）吸附的选择性。物理吸附没有选择性，在任何表面上都能进行，化学吸附的选择性则相当大。如氧易在金属表面上吸附，甚至生成氧化物。而在 SiO_2

上，由于化学性质所决定，几乎不存在化学吸附。NH_3易在酸性氧化物上化学吸附，CO_2易在碱性氧化物上化学吸附，反过来却不行。

5.4.2.2 均匀吸附与不均匀吸附

均匀吸附是吸附的理想形式，只是在固体表面上能量均匀分布时得以实现。

图 5.21 描述了金属单—原子晶格和金属氧化物双离子晶格表面上能量均匀分布的情况。可以看到，金属一类固体的均匀表面上，任何部位质点的表面能都具有同一数值，如图 5.21（a）中位能沿表面距离的变化为一水平线。图 5.21（b）中的金属氧化物由金属离子和氧离子组成，在表面上，从一种质点到另一种质点，位能做周期性变化。而对整个表面的同一种质点，位能处于同样水平，不论阴、阳离子都是如此，所以也看成是均匀表面。

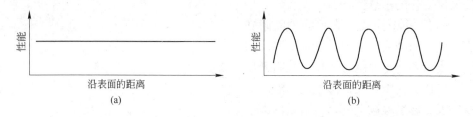

图 5.21　固体均匀表面的位能分布
（a）单原子（金属）晶格的均匀表面；
（b）双离子（金属氧化物）晶格的均匀表面

巴兰尼将均匀吸附的概念成功地用于物理吸附，提出了有名的吸附位能理论。图 5.21 是给出的吸附剂表面上的等位能图。他认为，吸附层好像围绕地球的大气，在固体表面被压缩得最紧，不管表面形状如何，整个表面处于一个等位能面。随着离开表面距离的增加，位能越来越下降，密度越来越小。

实际上，固体吸附剂表面都是不均匀的。如前所述，固体结晶不可避免地存在着缺陷、畸变。加上固体中经常有多种化学组分（包括杂质）共存，这决定了表面结构和表面能量分布的不均匀性。

图 5.22 所示为不均匀表面能量分布的示意图，图中显示了表面位能沿各部位位置而进行的不规则变化，位置不同，位能高低也不同。

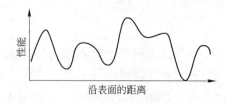

图 5.22　固体不均匀表面上的位能分布

5.4.2.3 吸附动力学模型

作者计算 CuO、CeO$_2$ 活性组分在 γ-Al$_2$O$_3$ 载体表面的分散阈值时的主要依据是单层分散理论的密置单层排列模型，但不同 CuO、CeO$_2$ 负载量的 CuO/γ-Al$_2$O$_3$、CeO$_2$/γ-Al$_2$O$_3$ 吸附剂烟气脱硫实验表明活性组分的状态更接近于点状和单分子层岛状分布，由第 4 章的内容可知，γ-Al$_2$O$_3$ 载体表面的吸附所占比例很小，在不考虑载体吸附 SO$_2$ 的情况下，在活性组分上的吸附仍然为单层均匀吸附。因此，认为 CuO/γ-Al$_2$O$_3$、CeO$_2$/γ-Al$_2$O$_3$ 吸附剂对 SO$_2$ 的吸附是均匀吸附，各部位能量相同，被吸附分子间无相互作用。在这种情况下，吸附等温线符合Langmuir 方程。吸附速率与吸附分子碰撞的自由表面分率（$1-\theta$）成正比，也同吸附分子单位时间向单位表面碰撞的数目 Z 成正比。分子向催化剂表面碰撞与分子向器壁碰撞一样，根据气体分子运动学说，Z 为：

$$Z = n \sqrt{\frac{kT}{2\pi m}} \tag{5.9}$$

式中，n 为单位体积气体中的分子数目；k 为玻耳兹曼常数；m 为分子质量；T为温度。

应用理想气体状态方程 $pV = nRT$，则

$$Z = \frac{p}{\sqrt{2\pi mkT}} \tag{5.10}$$

因为只有能量大于吸附活化能的分子才能被吸附，吸附速率与碰撞分子的有效分率，即 $e^{-E_{ad}/(R_g T)}$（E_{ad} 为吸附活化能；R_g 为气体常数）也成正比。

考虑到不是所有具有活化能的碰撞气体分子都能被自由表面拉住，如同 Arrhenius 方程那样，引入校正因子。

将这些综合起来，吸附速率 v 为：

$$v = \frac{\sigma p}{\sqrt{2\pi mkT}} \cdot e^{-E_{ad}/(R_g T)}(1-\theta) \tag{5.11}$$

或

$$v = k_{ad}(1-\theta) \tag{5.12}$$

式中，k_{ad} 为吸附速率常数，$k_{ad} = k_{ad,0} e^{-E_{ad}/(R_g T)}$，而 $k_{ad,0} = \dfrac{\sigma}{\sqrt{2\pi mkT}}$。

这便是 Langmuir 方程在不可逆吸附时完整的理论表述。对可逆吸附，需计入解吸过程。解吸速率与被吸附表面分率成正比，故吸附总速率等于

$$v = k_{ad}p(1-\theta) - k_d\theta \tag{5.13}$$

或

$$v = k_{ad}p(1-\theta)\left[1 - \frac{\theta}{ap(1-\theta)}\right] \tag{5.14}$$

式中，a 为吸附（平衡）常数，$a = k_{ad}/k_d$，k_d 为解吸速率常数。

5.4.3 CuO/γ-Al₂O₃、CeO₂/γ-Al₂O₃ 等压吸附过程

为了对吸附过程有一个全面的了解，作者做了 SO₂ 在 CuO/γ-Al₂O₃ 吸附剂上的等压吸附试验，如图 5.23 所示。

SO₂ 在 0.12CuAl 吸附剂表面的吸附可以分为两大类，即物理吸附和化学吸附。图 5.23 所示为 SO₂ 在 0.12CuAl 吸附剂表面吸附等压线。图中的曲线 I 相当于物理吸附，它不需要活化能，所以在很低的温度下就能发生并达到平衡，由于吸附是吸热的，故增加温度使平衡向脱附方向移动，即吸附量降低。高温部分的曲线 III 是平衡化学脱附的等压线，吸附量也是随着温度上升而减少的。如果始终能达到吸附平衡的话，则不论是曲线 I 还是曲线 III 都应当沿相同的方向

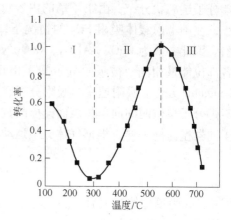

图 5.23   0.12CuAl 吸附等压线

进行。但在中间温度有不可逆的化学吸附区，吸附量反而随着温度上升而增大（曲线 II），此时发生的化学反应是：

$$CuO + SO_2 + 1/2O_2 \xrightarrow{} CuSO_4 \tag{5.15}$$

曲线 I 相当于脱硫产物 CuSO₄ 的热分解，方程式为：

$$CuSO_4 \xrightarrow{} CuO + SO_3 \tag{5.16}$$

可以看出，化学吸附是由于 SO₂ 和 O₂ 与 CuO 反应造成的。

图 5.24 所示为 SO₂ 在 0.03CeAl 吸附剂表面吸附等压线，情况与图 5.23 类似。

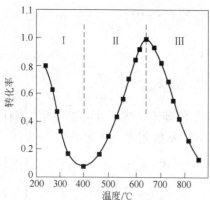

图 5.24   0.03CeAl 等压吸附过程

目前对固体表面吸附层中被吸附物质的状态做了不同的假设，大致上可分为三类[108]：第一类模型假设被吸附在固体表面的分子不能移动，是定位的吸附。这一类理论中包括了形成单分子吸附层和多分子吸附层的情况。第二类模型假设被吸附分子可以在固体表面上自由移动，这是可移动吸附。在这种情况下，固体表面被吸附分子只是失去一个垂直方向的自由度，还可以在表面上做二维流动。第三类理论从固体表面存在着势

能场出发，认为落入势能场的气体分子就构成了吸附层。作者认为 SO_2 的吸附是单分子层定位吸附。

由于 CuO、CeO_2 是以单分子层形式负载于 γ-Al_2O_3 载体表面，因而吸附 SO_2 是单分子层吸附。被吸附的 SO_2、O_2 与 CuO、CeO_2 发生化学反应生成硫酸盐，使得 SO_2、O_2 气体分子难以再移动。图 2.11 和图 2.15 是 CeO_2/γ-Al_2O_3、CuO/γ-Al_2O_3 的 SEM 图像，可以看到当活性组分负载量较小时，载体表面均匀。所以 Langmuir 模型可以应用于 CuO/γ-Al_2O_3、CeO_2/γ-Al_2O_3 的脱硫反应。理论上来讲，当接近饱和吸附量时，吸附曲线应该趋于一条水平线，表示覆盖率 $\theta = 1$（或吸附量已趋于最大值）。但是在 CuO/γ-Al_2O_3、CeO_2/γ-Al_2O_3 的吸附曲线上，可以发现吸附后期是一条倾斜的曲线，这主要是后期 γ-Al_2O_3 载体参与吸附的结果。由于在吸附后期 CuO、CeO_2 吸附反应几乎已经停止，因此对 CuO/γ-Al_2O_3、CeO_2/γ-Al_2O_3 脱硫剂吸附反应后期 γ-Al_2O_3 载体参与吸附的过程不予考虑。

在 0.12CuAl 吸附剂表面，CuO 以亚单层形态负载于 γ-Al_2O_3 表面。在脱硫过程中发生 SO_2 分子和 O_2 分子的吸附，生成 $CuSO_4$ 产物单分子层。烟气中 O_2 浓度远远大于 SO_2 浓度，可以不予考虑。随着 SO_2 吸附量的增加，反应速率逐渐减小，表明反应速率与表面空的活性位成正比，与气相符合 Langmuir 吸附动力学特点。Langmuir 反应动力学模型为：

$$R = \mathrm{d}\theta/\mathrm{d}t = kp_{SO_2}(1 - \theta) \tag{5.17}$$

式中，R 为反应速率；k 为速率常数；p_{SO_2} 分别为气相中 SO_2 压力；θ 为表面覆盖率（即 CuO 的转化率）。

对式（5.17）积分，得到

$$-\ln(1 - \theta) = kpt \tag{5.18}$$

对 $-\ln(1 - \theta)$-t 作图，得斜率 K，再对斜率 K 取对数，将 Arrhenius 公式代入得到：

$$\ln K = \ln k + \ln p_{SO_2} = \ln A - E/(RT) \tag{5.19}$$

式中，A 为指前因子；E 为吸附活化能。

5.5 CuO/γ-Al₂O₃ 吸附动力学

5.5.1 动力学参数的确定

图 5.25 所示为 400℃下不同 SO_2 浓度对 CuO 转化率影响的动力学曲线。由图 5.25 可见，随着烟气中 SO_2 的浓度增加，脱硫速率随之增加。随着反应时间的延长，表面 SO_2 吸附量增加，反应速率降低。CuO 反应结束后，反应并不是马上停止，这是由于部分 γ-Al_2O_3 载体与 SO_2 发生反应，使得转化率大于 1.0。温度

不变时速率常数 k 保持不变，此时斜率 K 的变化是由 p_{SO_2} 的变化决定的。

图 5.26 所示为 SO_2 浓度在 0.2% 时温度对 0.12CuAl 吸附剂转化率影响的动力学曲线。随着温度的升高，脱硫速率也增加。动力学曲线呈现出两个区域，前 3000s 的快速脱硫区域和较慢的甚至以恒定速率反应的 γ-Al_2O_3 载体脱硫区域。温度对转化率的影响是显著的，在较低温度下，CuO 反应不彻底。随着反应时间的延长，表面 SO_2 的吸附量增加，反应速率也随之降低。

当 SO_2 浓度保持不变时，p_{SO_2} 项为常数，根据式（5.18）对不同温度下转化

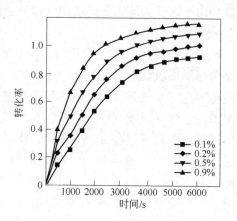

图 5.25 SO_2 浓度对 0.12CuAl 转化率的影响

率作图 $-\ln(1-\theta)$-t，如图 5.27 所示，可以得到斜率 K，再根据得到的斜率和式（5.19）对 $\ln K$-$1/T$ 作图，得到活化能 E 为 19.98kJ/mol，指前因子 A 为 $9.97 \times 10^{-5} s^{-1} \cdot Pa^{-1}$。

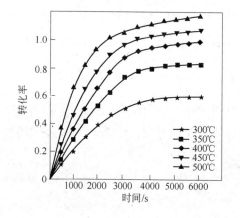

图 5.26 温度对 0.12CuAl 转化率的影响

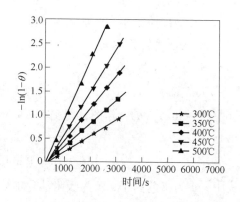

图 5.27 不同温度下 $-\ln(1-\theta)$ 与时间关系

5.5.2 模型的检验与讨论

为了验证该动力学模型的有效性，对模型的拟合程度进行检验。根据式（5.19），如果模型对数据拟合得较好，对 $-\ln(1-\theta)$-t 作图应为直线，根据相关系数可以对拟合程度做出判断。表 5.2 为不同温度时拟合直线的相关系数。

表 5.2　不同温度下的相关系数

温度/℃	300	350	400	450	500
相关系数	0.97	0.98	0.98	0.98	0.99

由于 $CuO/γ\text{-}Al_2O_3$ 吸附剂具有良好的脱除烟气中 SO_2 的效果,人们很早就对该吸附剂的动力学进行了研究。早期的研究没有考虑到载体参与反应的情况,主要是按照 CuO 的转化率来描述动力学特征,Vogel 认为反应动力学模型可以表示为[170]:

$$\frac{dm}{dt} = k_r CE\left(1 - \frac{m}{m_\infty}\right) \tag{5.20}$$

式中,t 为反应时间,min;m 为 t 时刻 SO_2 的吸附量,mol/mL;m_∞ 为吸附剂的最大吸附量,mol/mL;C 为 SO_2 浓度,mol/mL;E 为吸附剂空余体积,mL/mL;k_r 为反应速率常数,min^{-1}。

Centi 又采用粒子模型进行描述动力学过程[171]:

$$t^* = \frac{X^*}{1 - X^*} + \sigma^2\left[1 - 3(1 - X^*)^{\frac{2}{3}} + 2(1 - X^*)\right] \tag{5.21}$$

式中,t^* 为标准化的时间;X^* 为标准化的转化率;σ 为系数。

Yeh 等人在活塞流假设基础上提出了一维脱硫反应模型[172]。模拟实验规模流化床,并将计算结果与 22 次试验数据进行了比较,预测值与实验误差值基本保持在 5% 内。其一维模型方程式为:

$$p = \left(1 - \frac{p_0 V_0 M}{GFC_0}\right)p_0 \bigg/ \left\{\exp\left[\frac{k_p DAGZC_0}{MV_u}\left(1 - \frac{p_0 V_0 M}{GFC_0}\right)\right] - \frac{p_0 V_0 M}{GFC_0}\right\} \tag{5.22}$$

式中,p 为出口 SO_2 的摩尔分数;F 为脱硫剂给料量,kg/h;V_0 为烟气体积流入量,m³/h;V_u 为烟气体积流出量,m³/h;p_0 为入口 SO_2 的摩尔分数;D 为流化床密度,kg/m³;Z 为床深,m;A 为床截面,m²;M 为 CuO 摩尔质量,kg/mol;G 为反应温度下的摩尔体积,m³/mol;C_0 为氧化铜的初始含量,%。

可以看出,对 $CuO/γ\text{-}Al_2O_3$ 吸附剂脱除烟气中 SO_2 的认识在不断地深入,尽管将 $γ\text{-}Al_2O_3$ 考虑在动力学模型中可以更全面地描述吸附剂的脱硫过程,但是所采用的模型非常复杂。通过本章的研究,认为可以采用简单的 Langmuir 模型描述吸附剂脱硫反应的前期阶段,而且数据拟合具有很好的相关性。表明在实验条件范围内,Langmuir 反应动力学模型可以用来描述 $CuO/γ\text{-}Al_2O_3$ 吸附剂脱硫过程中 CuO 与 SO_2 的反应。

5.6　CeO₂/γ-Al₂O₃ 吸附动力学

5.6.1　动力学参数的确定

由图 5.28 可以看出在 1000s 以内,随着温度的升高,CeO_2 转化率升高速度较快。1000s以后，CeO_2转化率以较平缓的速度增长，反应初期是CeO_2与SO_2和O_2的反应。随着时间的延长，可以看到CeO_2转化率已经大于1，这是由于少量γ-Al_2O_3载体参与反应的结果。但总的来说，温度对CeO_2转化率的影响不是非常明显，表明负载的CeO_2脱硫反应可能具有较低的活化能。

图5.29是不同SO_2浓度下转化率与时间的关系曲线。图5.29的关系曲线可以简单地分成两部分：前1500s的快速脱硫区和较慢的甚至以恒定速率反应的脱硫区。在快速脱硫区域，可以看出随着SO_2浓度的增加，CeO_2转化率会相应增加，SO_2浓度在快速反应区对反应速率的影响是显著的；在较慢的脱硫区域，反应速率几乎是相同的，表明γ-Al_2O_3载体的脱硫反应与SO_2浓度无关。

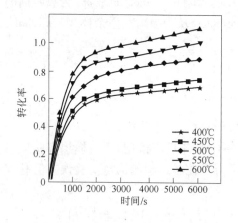

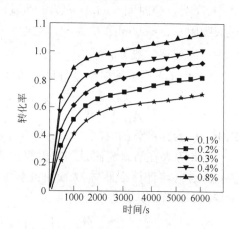

图5.28 不同温度下转化率与
时间的关系曲线

图5.29 不同SO_2浓度下转化率与
时间的关系曲线

当SO_2浓度保持不变时，p_{SO_2}项为常数，根据式（5.18）对不同温度下$-\ln(1-\theta)$-t作图，得到斜率K，再根据得到的斜率和式（5.19）对$\ln K$-$1/T$作图，得到活化能E为13.52kJ/mol，指前因子A为$7.65\times10^{-5}s^{-1}\cdot Pa^{-1}$。

5.6.2 模型的验证与讨论

为了验证该动力学模型的有效性，对模型的拟合程度进行检验。根据式（5.19），如果模型对数据拟合得较好，对$-\ln(1-\theta)$-t作图应为直线，如图5.30所示。根据相关系数可以对拟合程度做出判断，表5.3为不同温度时拟合直线的相关系数。可以看出该模型对动力学数据具有很好的拟合性，表明Langmuir反应动力学模型可以用来描述0.03CeAl吸附剂脱硫过程中CuO与SO_2的反应。

表5.3 不同温度下拟合直线的相关系数

温度/℃	400	450	500	550	600
相关系数	0.98	0.98	0.99	0.99	0.98

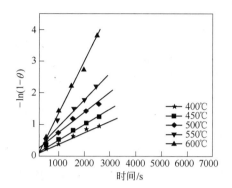

图 5.30　不同温度下 $-\ln(1-\theta)$ 与时间关系

　　大量的实验表明，$CeO_2/\gamma\text{-}Al_2O_3$ 吸附剂脱硫反应过程与 $CuO/\gamma\text{-}Al_2O_3$ 吸附剂的脱硫过程类似，即前期阶段可以不用考虑载体 $\gamma\text{-}Al_2O_3$ 的脱硫过程。采用 Langmuir 吸附动力学模型可以很好地描述吸附剂脱硫反应的前期阶段，与 Hedges 的本征动力学模型相比，Langmuir 吸附动力学模型是从宏观动力学的角度来阐述的，比较简单、方便。求得的活化能 13.52kJ/mol 也与 12kJ/mol 相当。数据拟合具有很好的相关性。表明在实用的范围内 Langmuir 反应动力学模型可以用来描述 $CeO_2/\gamma\text{-}Al_2O_3$ 吸附剂脱硫过程中 CeO_2 与 SO_2 的反应。

6 吸附剂的再生

6.1 概述

$CuO/\gamma\text{-}Al_2O_3$、$CeO_2/\gamma\text{-}Al_2O_3$ 吸附剂烟气脱硫的特点是吸附剂再生后可重复利用，将低浓度 SO_2 富集成为高浓度 SO_2 进行制酸，实现 SO_2 资源化的目的。烟气脱硫过程是烟气中的 SO_2 不断地吸附在 $CuO/\gamma\text{-}Al_2O_3$、$CeO_2/\gamma\text{-}Al_2O_3$ 吸附剂的活性位上的过程，而且主要吸附在活性组分上，少量吸附在 $\gamma\text{-}Al_2O_3$ 载体的活性位上。随着 SO_2 吸附量的增加，活性位数量减少，吸附剂的脱硫能力下降，使吸附剂失去了活性。

$CuO/\gamma\text{-}Al_2O_3$ 吸附剂脱硫反应时，CuO 在载体表面单层分散，能够最大限度地保证活性组分有效利用，也有利于反应气体在活性位点上的吸附。已有的研究认为[24,28,173]，$CuO/\gamma\text{-}Al_2O_3$ 吸附剂上表面硫酸盐的覆盖度与脱硫活性有依赖关系。吸附在活性铜位点上的 SO_2 被氧化成吸附态的 SO_3 后，既可以生成与 Cu 键接的硫酸盐 $CuSO_4$，也可以发生迁移，与载体的 Al 位点生成 $Al_2(SO_4)_3$。在再生过程中与 Cu 结合的硫酸盐更容易被再生，而与 Al 结合的硫酸盐的再生较慢，并且在再生过程后仍有部分保留在样品上。对于 CuO 负载量低于形成单层表面硫酸盐物种所必需的量时，脱硫后样品中的表面硫酸盐物种占优势，生成的团聚硫酸铜及硫酸铝是可以被忽略的。一般来说，吸附剂每再生一次，其活性降低一部分。经多个脱硫、再生循环，可能引起部分活性组分的损失或凝析，进而降低吸附剂的脱硫活性。同时，经多个脱硫、再生循环后，也生成团聚的硫酸铝。

再生后的 $CuO/\gamma\text{-}Al_2O_3$、$CeO_2/\gamma\text{-}Al_2O_3$ 吸附剂是否仍保持较高的 SO_2 吸附能力，是决定其是否有生命力的关键，产生的含硫气体易于回收。本章分析了热再生和还原再生的优劣，并采用还原再生的方法开展 $CuO/\gamma\text{-}Al_2O_3$、$CeO_2/\gamma\text{-}Al_2O_3$ 吸附剂脱硫产物再生的实验研究，考察 H_2 浓度、温度、活性组分负载量及脱硫时间对脱硫活性的影响。

6.2 吸附剂失活

当 $CuO/\gamma\text{-}Al_2O_3$、$CeO_2/\gamma\text{-}Al_2O_3$ 吸附剂烟气脱硫时，随着时间的进行，其脱硫反应速率不断地下降，此时也意味着将其作为吸附剂使用时吸附 SO_2 的能力不断地降低。黄仲涛对导致催化剂活性下降及寿命短的原因进行了总结，主要有以

下七项[63]:

(1) 烧结。如果把催化剂置于高温下或长时间加热，表面结构便趋向于稳定化，表面积减少，或者晶格缺陷部分会减少。这种现象称为"烧结"，烧结是物理过程。由烧结引起的活性下降是不可逆的。

(2) 化学组成的变化。加热有时也会引起催化剂发生化学变化，活性因此下降。这是由于催化剂活性组分之间或者与催化剂中所含的其他杂质形成化合物而失活。这种"失活"也是不可逆的。

(3) 与毒物生成化合物。在反应物中，如果含有使催化剂中毒的元素或这种元素的化合物，催化剂的组成元素和这些毒物结合，或者生成化合物，就会出现活性下降的现象。这种现象称为"中毒"。

(4) 生成化合物。催化剂组分和反应性气氛之间以及催化剂各组分之间发生反应，形成化合物，使得催化剂活性下降。生成化合物的情况不像中毒现象限于表面，而是生成体相化合物，用 X 射线衍射容易鉴定。

(5) 吸附。催化剂具有吸附各种物质的能力，如果吸附量太大，就会引起失活。然而这是暂时的失活，提高温度或者减压，就可以恢复活性。

(6) 附着上反应产物及其他物质。反应中往往会伴随着发生类似聚合的副反应，由此产生的高分子物质容易附着在催化剂上，它对催化剂性能有明显的害处。

(7) 破碎或剥落。除了前述的一些因素以外，催化剂的制备技术也能引起活性下降，这主要是由沉积或成型方法引起的。前一种是指催化剂从载体上剥落，后一种是指成型物的破碎和粉化，这两种情况都能使催化剂的性能明显地下降。

根据本书进行脱硫试验的条件及导致催化剂活性下降和寿命短的影响因素可知，影响 $CuO/\gamma\text{-}Al_2O_3$、$CeO_2/\gamma\text{-}Al_2O_3$ 吸附剂烟气脱硫性能下降和寿命短的主要因素是烧结。

各种活性物质和载体都是有截然不同的孔隙率的高表面积的固体，它们总是存在着一种降低自由能的热力学的推动力，即能使表面积降至最低限度。所有各种催化剂由于受到固体性质和物理排列以及固体重排机理的动力学限制，它们是不可能立即烧结的。虽然这些固体的化学性质和周围环境影响着烧结速率，但一般来说，温度是起着支配作用的主要因素。因此，在足够低的温度下，固体能长期保持其原有结构不变。当温度升高后，很可能是由于催化反应供给了热量，表面扩散变得重要起来了。开始时，极不稳定的表面变得光滑了，最终成了圆面或球形的颗粒，凡是有沉积催化剂颗粒相互接触的地方，或有穿过表面，或通过气相传递的地方，颗粒有可能长大。

图 6.1 所示为以孤立的原子形式分散在载体的金属的烧结过程的各个阶段[174]。从图 6.1 (a)、(b) 可见，孤立的原子通过表面扩散形成二维的原子簇，因为二维的原子簇一般比单独的原子要稳定；而较大的二维原子簇又比小的要稳

定，因为边缘原子比内部的原子能量高，所以较小的二维原子簇通过原子的表面扩散变成较大的二维原子簇。二维原子簇又能重排成三维颗粒，如果金属—金属键能超过金属—载体键能，则三维颗粒将是更稳定的形式；而较大的三维颗粒又比小的更稳定。

　　微晶颗粒的长大可以通过两种机理中的一种进行，如图 6.1（c）、（d）所示。第一种是微晶晶粒沿着表面迁移合并，使晶粒长大，小的微晶有较大比例的表面原子，它比起较大体积的晶粒来，在较低的温度就是可动的了。第二种是从小的微晶晶粒到大的微晶晶粒的原子转移，其推动力是较小的，微晶有较大的自由能，它的蒸气压和蒸发较大，在较大的微晶晶粒上发生凝结，结果是小的微晶消失，较大的微晶长大。

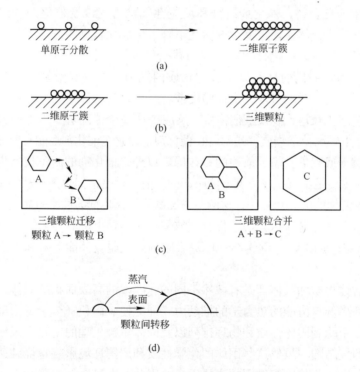

图 6.1　从单原子分散形成较大颗粒的各个阶段的图示

　　在载体中，由于相转化而引起的烧结是一个主要问题。例如人们熟知氧化铝可产生各种各样的晶型，就最常见的晶型氧化铝的晶胞大小来说，当这些晶型相互转换时，表面积和孔隙率会有很大变化。

6.3　再生方式的选择

　　烟气脱硫过程是烟气中微量的 SO_2 不断地吸附在 $CuO/\gamma\text{-}Al_2O_3$、$CeO_2/\gamma\text{-}$

Al_2O_3 吸附剂活性位上的过程，而且主要吸附在活性组分上，少量吸附在 γ-Al_2O_3 载体的活性位上。随着 SO_2 吸附量的增加，活性位数量减少，吸附剂的脱硫能力下降，使吸附剂失去了活性。从化学上看，毒物是强吸附的化合物，因而某种物质对特定的催化剂是不是毒物，不仅取决于某物质本身，也与是什么样的催化剂有关。用作催化剂的金属有吸附可利用的 d 轨道，这无论对它的活性或它对毒物的敏感性都是关键，如 Cu^{2+} 外层电子轨道是 $3d^9 4s^0$。一些非金属元素化合物，当它有未共享的电子对时，呈毒性，如 $O=\overset{..}{S}=O$；当元素的外层电子结构达到了稳定的八电子偶，而且不存在孤对电子时，则无毒。从催化的角度来看，烟气脱硫的过程，实际上也就是一个催化剂"中毒"的过程。中毒是由于毒物和催化剂活性组分之间发生了某种相互作用，根据这种相互作用的性质和强弱程度，将其分为可逆的（可以再生的，暂时的）和不可逆的（不可以再生的，永久的）。同时，为了最大限度地减少吸附剂的消耗和废料的排放，也需要再生吸附剂。

在考虑负载氧化铜、氧化铈烟气脱硫技术开发过程中，除了技术性能的优劣之外，还要考虑成本效益，在某些情况下，成本效益可能会成为该技术由实验研究走向工业化应用的关键因素。所以，研究 CuO/γ-Al_2O_3、CeO_2/γ-Al_2O_3 吸附剂脱硫产物还原再生的工艺条件，探索影响 CuO/γ-Al_2O_3、CeO_2/γ-Al_2O_3 吸附剂再生后性能的因素具有重要意义。

6.3.1 热再生

热再生是将样品在高温加热的方式下令生成的硫酸盐分解还原成金属氧化物，进行新一轮的脱硫，热再生简单易行，不消耗还原气体，但因反应温度通常较高而受到催化剂种类、颗粒的物理性能等限制，其热耗也是考虑的关键。

CuO/γ-Al_2O_3、CeO_2/γ-Al_2O_3 吸附剂活性组分负载量低于阈值的样品上，活性组分在吸附剂颗粒表面的分布是单层分散的，其原子在载体表面发生迁移、扩散、重排、形成微晶颗粒，直至长大。活性组分 CuO 反应生成 $CuSO_4$，而 $CuSO_4$ 的分解温度在 600℃ 以上[175]，在这个温度条件下，虽然得以还原，但是却容易导致活性组分在吸附剂表面的烧结和聚集而降低脱硫活性，同时也对吸附剂载体 γ-Al_2O_3 的强度造成影响，而且频繁的高温再生会影响吸附剂的寿命。若采取热再生方式必须关注温度对吸附剂载体结构的影响。

在载体的制备过程中，氧化铝水合物在相转变的同时，含水量、比表面积、细孔结构等都发生很大的变化。这些变化与具体的结晶结构、颗粒度、水蒸气等因素有复杂的关系。文献 [121] 研究了 γ-Al_2O_3 载体于不同温度下煅烧后比表面积的变化，指出煅烧温度在 400℃ 左右时，载体比表面积达到最大值，但随着温度进一步升高，载体的比表面积发生锐减，平均孔径也相应增大。这是由于煅烧温度的提高引起了载体烧结，微孔逐渐变大，因而表面积也随之减小。

吸附剂烧结的主要后果是微晶长大，孔消失或者孔径分布发生变化，从而使表面积减小，活性位数减少，反应活性下降，有时还使选择性发生变化。根据烧结的机理，载体的性质、反应气氛均会影响到吸附剂的烧结。第 5 章中测定的 $CuO/\gamma\text{-}Al_2O_3$ 吸附剂脱硫前后比表面积和孔径的变化表明，吸附剂的烧结主要是由于载体表面羟基的变化而引起的。而且，反应时间对吸附剂的烧结有重要影响。

另外，纯 $CuSO_4/\gamma\text{-}Al_2O_3$ 直接进行再生后脱硫的效果最差[153]，其原因可能在于在 $CuSO_4/\gamma\text{-}Al_2O_3$ 的制备过程中 $CuSO_4$ 与载体材料经历浸渍、煅烧等过程形成较稳定的 Cu-Al 复合物，这种复合物既占据了 Cu 的活性位点，也难以通过再生被还原成单一的氧化物，这种再生比 $CuO/\gamma\text{-}Al_2O_3$ 脱硫过程中生成的部分 $Al_2(SO_4)_3$ 的还原更难。要想尽可能好地恢复其脱硫活性，有必要根据实际情况提高再生温度或延长再生时间。由于 $CuO/\gamma\text{-}Al_2O_3$ 样品热再生的温度要求很高，根据前文所述，在此条件下吸附剂会发生不可逆的烧结现象，导致脱硫性能降低，同时较高温度反应下的热应力也会使得脱硫剂颗粒强度变小，引起吸附剂的机械失活。

6.3.2　还原再生

还原再生是利用不同的还原性气体在一定的温度条件下，将生成的硫酸盐还原成金属单质，在进行新一轮的脱硫时金属单质与烟气中的 O_2 快速反应，使脱硫剂迅速恢复到活性状态。还原再生可以在较低的反应温度下进行，过程的热耗小，但须消耗还原气体，同时也须关注副反应的发生。可用于再生 $CuO/\gamma\text{-}Al_2O_3$ 吸附剂的还原气很多，常见的有 H_2、NH_3、CH_4 等。

6.3.2.1　H_2 还原再生

H_2 还原 $CuSO_4$ 在 400℃就可以进行[176]，主要发生的反应为：

$$CuSO_4 + 2H_2 \Longrightarrow Cu + SO_2 + 2H_2O \qquad (6.1)$$

$$CuSO_4 + 4H_2 \Longrightarrow CuS + 4H_2O \qquad (6.2)$$

$$CuS + H_2 \Longrightarrow Cu + H_2S \qquad (6.3)$$

$$Al_2(SO_4)_3 + 12H_2 \Longrightarrow Al_2S_3 + 12H_2O \qquad (6.4)$$

H_2 在 400℃下还原 $CuSO_4$ 速率比较快，由于 H_2 是强还原性气体，将 $CuSO_4$ 还原成 Cu 和 SO_2，而且容易发生式（6.2）和式（6.3）所示的副反应造成 $CuSO_4$ 的过度还原，生成 CuS 等脱硫物残留在吸附剂上，因而再生后会影响吸附剂的脱硫效率，同时由于副反应的发生（主要生成 H_2S），增大了 H_2 的消耗。由于在再生过程中生成了单质 Cu，因而在作为吸附剂循环使用时，单质 Cu 要被烟气中的 O_2 氧化为 CuO，反应放出的大量热量有可能导致吸附剂温度过高而出现吸附剂的烧结现象，降低吸附剂的脱硫活性。也有研究表明[159]，$CuO/\gamma\text{-}Al_2O_3$ 脱硫剂发生深度脱硫后，H_2 还原时 $\gamma\text{-}Al_2O_3$ 载体也能够还原再生，硫酸铜和硫酸铝分别在 300℃ 和 400℃ 以上时即会发生还原反应，残留的未还原的硫酸盐在 400℃ 以上发生的还原与初始脱硫反应无关。硫酸盐还原再生的主要气体产物是 SO_2，再生以后大部分孔的体积和比表面积能够恢复到新鲜脱硫剂的水平；500℃ 下的脱硫—再生循环实验表明，接近 30 次循环时，脱硫能力略有降低。

6.3.2.2 CH_4 还原再生

CH_4 还原吸附剂脱硫产物的反应方程式为：

$$CuSO_4 + 1/2CH_4 = Cu + SO_2 + 1/2CO_2 + H_2O \qquad (6.5)$$

McCrea 等人研究认为，CH_4 作为吸附剂的还原气体更具优势，不仅因为其用量少、成本低，而且残余硫的水平低。CH_4 还原性比 H_2 要低，降低了发生副反应的可能性，但是速率要小，再生效率比较低，吸附剂再生的有效温度必须达到 500℃ 以上，通常为了达到足够高的反应速率并补偿反应的吸热，需要的还原温度要高一些，难以实现在脱硫温度下同温再生。

若采用 CH_4 再生可能存在的副反应有[176]：

$$CuSO_4 + CH_4 = CuS + CO_2 + 2H_2O \qquad (6.6)$$

$$Cu + SO_2 + 1/2CH_4 = CuS + 1/2CO_2 + H_2O \qquad (6.7)$$

在所研究的还原气体中，CH_4 具有最低的反应速率，但多数研究者仍倾向于采用 CH_4 再生。一方面是由于它简单易得，易于操作；另一方面是采用 CH_4 再生反应较单一，副反应少。McCrea 等人认为采用 CH_4 用量少且残余硫的水平低，尽管其还原性低于 H_2，但在同样浓度和再生温度下 CH_4 能还原更多的硫酸盐而不生成副产物[23]。由于其反应速率低于氢的还原反应，需将再生温度提高至 500℃，对气体或吸附剂进行预热也是必要的。

王雁研究了 CH_4 作为还原剂还原 $CuO/\gamma\text{-}Al_2O_3$ 脱硫产物的情况[153]，对载铜量分别为 5% 和 10% 的样品进行了再生热重分析，发现载铜量不同的样品的失重情况基本一致。首先在 100 ~ 150℃ 之间出现微小失重，这应是吸附剂上结合水分蒸发引起的。再生反应的起始温度大约从 470℃ 开始，持续加热样品到 550℃ 出现最大质量损失峰，表明此时 CH_4 与样品发生了强烈的反应。但由于两个样品载铜量的差异，在脱硫过程中各自吸附了不同量的 SO_2，使得吸附剂上的硫酸盐含量有差别，在热重曲线上表现出质量损失的不同。此外，DSC 曲线显示 550 ~ 600℃ 间样品有较大的热效应。因此，采用 CH_4 进行吸收/催化剂再生其反应温度应确定在 450 ~ 500℃ 之间。

6.3.2.3 NH_3 还原再生

Xie[150] 和 Liu[177] 等人分别对 $CuO/\gamma\text{-}Al_2O_3$ 吸附剂和 $CuO\text{-}Al_2O_3/$堇青石催化

剂的在5% NH_3 气氛下还原再生过程进行了研究，由于 NH_3 的还原性能在 H_2 和 CH_4 之间，因而能够克服 H_2 作为还原剂引起的过度再生现象和 CH_4 作为还原剂造成的再生效率低下等问题，而且再生过程中产生的 SO_2 气体可以在出口处和 NH_3 直接形成固体的硫铵盐，简化了后续气体的处理工艺，实现了硫的资源化。再生过程中发生的反应主要有：

$300 \sim 400℃$：　　　$3CuSO_4 + 4NH_3 \Longrightarrow Cu_3N + 3/2N_2 + 3SO_2 + 6H_2O$　　　(6.8)

$450 \sim 500℃$：　　　$3/2CuSO_4 + 2NH_3 \Longrightarrow 3/2Cu + N_2 + 3/2SO_2 + 3H_2O$　　　(6.9)

$$CuSO_4 + 8/3NH_3 \Longrightarrow CuS + 4/3N_2 + 4H_2O \tag{6.10}$$

$$2CuSO_4 + 4NH_3 \Longrightarrow Cu_2S + 2N_2 + SO_2 + 6H_2O \tag{6.11}$$

反应器出口处：$SO_2 + 2NH_3 + H_2O \Longrightarrow (NH_4)_2SO_3$　　　(6.12)

$$SO_2 + NH_3 + H_2O \Longrightarrow NH_4HSO_4 \tag{6.13}$$

　　Xie 的研究表明[150]，在再生温度 400℃ 下，5% NH_3 作为还原气体可以有效地将吸硫饱和后的 $CuO/\gamma\text{-}Al_2O_3$ 吸附剂中的 $CuSO_4$ 再生，且再生后的催化剂可以维持稳定的物理结构，保持催化剂较高且稳定的脱硫脱硝效率。由式（6.8）可知，在 400℃ 进行还原时主要的再生产物为 Cu_3N。Liu 的研究表明[177]，采用 5%（体积分数）NH_3 还原以 V_2O_5 为助剂的 $CuO\text{-}Al_2O_3/$ 堇青石催化剂时，可以抑制 $CuSO_4$ 过度还原为 Cu_3N。

　　再生过程中不同的还原剂各有其优缺点[173]，实际应用中对于还原剂的选择必须多种因素综合考虑，例如还原剂的来源，脱硫与再生单元的温度匹配以及再生时间等。H_2 是众多还原剂中还原能力最强的气体，其再生温度最低（低于 400℃），再生时间也最短，可以实现和脱硫过程的同温再生，且再生产物为 H_2O，无需后处理；不利之处在于再生后 CuO/Al_2O_3 上残留有大量 CuS/Cu_2S（33%）。NH_3 的还原能力较强，也能在 400℃ 附近对吸附剂上的 $CuSO_4$ 进行有效再生，可以实现同温再生。NH_3 再生实际运行中也存在一定的问题，如设备腐蚀问题、气溶胶问题、产品的稳定性等问题。CH_4 与 H_2 和 NH_3 相比是还原能力较弱的一种还原气，其再生温度也较前二者高，无法与脱硫过程达到同温再生，但 CH_4 再生后吸附剂上 CuS 残留量极少，有利于吸附剂的稳定运行。

　　综合以上的讨论可知，无论 H_2、NH_3 还是 CH_4，CuO/Al_2O_3 再生后都会面临相似的问题，再生后吸附剂上的大部分 Cu 位都以单质 Cu 的形态存在，后续脱硫都会发生单质 Cu 的氧化。一般认为 H_2 是最有效的还原剂，其还原反应过程中生成的 H_2O 较易除去，生成的产物纯度较高，而且 H_2 的相对分子质量小，由于气体扩散速率与其相对分子质量的平方根成反比，因此 H_2 的扩散速率远大于 CO 和 CH_4，使用 H_2 作为还原剂可以得到较高的还原速率。本章用 H_2 作还原气体，从还原和循环的角度分析影响吸附剂再生的各种因素。

H₂ 还原脱硫产物过程的方程式为：

$$CuSO_4 + 2H_2 \longrightarrow CuO + 2H_2O + SO_2 \tag{6.14}$$

$$CuO + H_2 \longrightarrow Cu + H_2O \tag{6.15}$$

和

$$Ce_2(SO_4)_3 + 3H_2 \longrightarrow Ce_2O_3 + 3H_2O + 3SO_2 \tag{6.16}$$

还原后生成的 Cu 在第二次脱硫过程中，首先被烟气中的 O₂ 氧化成为 CuO，然后进行第二次脱硫。相应地 Ce₂O₃ 则首先被烟气中的 O₂ 氧化成为 CeO₂，接着再进行第二次脱硫。

6.4　H₂ 还原 CuO/γ-Al₂O₃、CeO₂/γ-Al₂O₃ 吸附剂再生实验

6.4.1　H₂ 的影响

将吸附剂饱和吸附 SO₂，然后对同一种吸附剂用不同的氢气浓度进行再生研究，随时记录吸附剂的失重量。在 400℃ 下对饱和吸附后的 CuO/γ-Al₂O₃ 吸附剂进行还原再生，结果如图 6.2 所示。发现氢气浓度在 5%～100% 的范围内，还原曲线的形状将有所改变，300s 内整个还原过程就结束了。增加 H₂ 浓度可以进一步缩短还原时间，当用纯 H₂ 时 100s 内还原过程即可完成。在 550℃ 下氢气还原 CeO₂/γ-Al₂O₃ 吸附剂饱和吸附 SO₂ 产物的还原时间则相对较长一些，改变 H₂ 浓度从低到高排列分别为 5%、50%、100%，发现还原过程的时

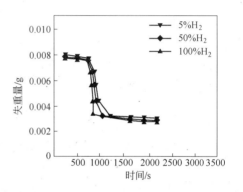

图 6.2　400℃ 不同 H₂ 浓度对 0.1CuAl 脱硫产物还原的影响

间变短，还原后期曲线变得平缓，说明此时吸附剂已被充分还原。大约经过 500s 后，大部分 Ce₂(SO₄)₃ 能够被还原，CeO₂/γ-Al₂O₃ 脱硫产物的还原速度相对 CuO/γ-Al₂O₃ 吸附剂来说要慢一些。总体上 H₂ 浓度 CeO₂/γ-Al₂O₃ 和 CuO/γ-Al₂O₃ 吸附剂脱硫产物还原的影响不是很显著。

有研究认为采用 H₂ 作还原剂气体可能会发生副反应：

$$Al_2(SO_4)_3 + 12H_2 \longrightarrow Al_2S_3 + 12H_2O$$

$$Al_2(SO_4)_3 + 12H_2 \longrightarrow Al_2O_3 + 3H_2S + 9H_2O \tag{6.17}$$

假如上述两个反应发生，根据这两个反应方程式，可计算出其失重率分别为 56.1%、70.2%。再根据 50mg 0.1CuAl 样品中 γ-Al₂O₃ 含量，计算得到 0.1CuAl 样品中含 γ-Al₂O₃ 45.5mg。若全部转变为 Al₂(SO₄)₃，质量应为 152.6mg，分别

乘以根据上述两个方程式计算得到的失重率，可计算得到失重量分别为 85.6mg 和 107.1mg，即失重量应为 0.0856g 和 0.1071g。但从图 6.2 可以看出其失重量大约为 5mg，显然这是不可能的。若 5.5mgCuO 吸附 SO_2 后全部转变为 $CuSO_4$，质量变化为 11mg，再将 $CuSO_4$ 全部还原为 Cu，可计算出失重量为 6.6mg，这也与实验结果 5mg 不符。存在的可能性是吸附剂上仍有少量 CuO 未参与反应，由于吸附剂在脱硫过程中活性组分 CuO 会优于载体 γ-Al_2O_3 发生 SO_2 的吸附，根据上述事实和计算结果可推测，载体 γ-Al_2O_3 不参与反应或参与反应的量可忽略不计。因此，在 400℃ 下 H_2 还原 0.1CuAl 脱硫产物时不考虑 $Al_2(SO_4)_3$ 的还原过程。根据图 6.3 的 0.03CeAl 脱硫产物 H_2 还原的失重量分析，也不会发生 $Al_2(SO_4)_3$ 的还原过程。

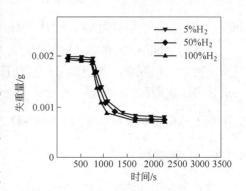

图 6.3　550℃ 不同 H_2 浓度对 0.03CeAl 脱硫产物还原的影响

6.4.2　温度的影响

在 CuO/γ-Al_2O_3 脱硫反应下，CuO 在载体表面单层分散，既保证了活性组分的有效利用，也有利于反应气体在活性位点上的吸附。温度对吸附剂脱硫后还原的影响如图 6.4 和图 6.5 所示。随着温度的升高，还原所需时间明显缩短。温度对 0.1CuAl、0.03CeAl 吸附剂脱硫产物还原的影响比 H_2 浓度对吸附剂脱硫产物还原速率的影响要大，虽然较高温度对脱硫产物的还原有利，但是从经济的角度讲，过高的温度必然会消耗较高的能量，并且容易造成活性组元的烧结和聚集，

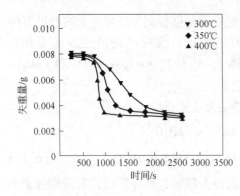

图 6.4　0.1CuAl 在不同温度下的脱硫产物还原曲线

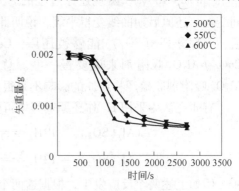

图 6.5　0.03CeAl 在不同温度下的脱硫产物还原曲线

降低吸附剂的脱硫活性，选择较低的还原温度即可。此外，再生反应的温度与采用的还原气体有关，若能在相同温度下进行脱硫和再生，可使热应力减至最小，避免高温引起的吸附剂质量降低和颗粒强度减弱。

H₂ 还原会导致 $CuSO_4$ 被还原成 CuS 和 Cu_2S，当反应温度大于 450℃时，CuS 和 Cu_2S 还可能被进一步还原成 H_2S[176]，采用 H₂ 再生可能的副反应如下：

$$CuSO_4 + 4H_2 \Longrightarrow CuS + 4H_2O$$

$$CuS + H_2 \Longrightarrow Cu + H_2S$$

$$CuO + H_2 \Longrightarrow Cu + H_2O$$

$$2CuSO_4 + 6H_2 \Longrightarrow Cu_2S + SO_2 + 6H_2O \tag{6.18}$$

$$Cu_2S + H_2 \Longrightarrow 2Cu + H_2S \tag{6.19}$$

由于没有对 0.1CuAl 和 0.03CeAl 脱硫产物 H₂ 还原的气体产物成分进行分析，无法断定气体中是否含有 H_2S，因此，无法断定上述 5 个反应是否会发生。Habashi 研究了含 $CuSO_4$ 的二元硫酸盐 H₂ 还原[178]，指出当 $CuSO_4$ 被 H₂ 还原时，体系中含有的硫酸盐如 Na_2SO_4、$MgSO_4$、$Al_2(SO_4)_3$、$ZnSO_4$、$CdSO_4$ 不会对 $CuSO_4$ 的还原产生影响；若体系中有 $CoSO_4$、$NiSO_4$ 时，$CuSO_4$ 还原会产生 Cu_2S；若体系中有 $FeSO_4$ 时，$CuSO_4$ 还原后会形成 Cu_5FeS_4；若体系中有 $MnSO_4$ 时，$MnSO_4$ 与 $CuSO_4$ 形成固溶体后在较高温度下才会发生还原反应。根据 Habashi 的研究结果，可推断出 0.1CuAl 脱硫产物 H₂ 还原时不会发生上述 5 个副反应。

6.4.3 CuO 负载量的影响

不同 CuO 负载量下 CuO/γ-Al₂O₃ 吸附剂再生性能的影响如图 6.6 所示。脱硫

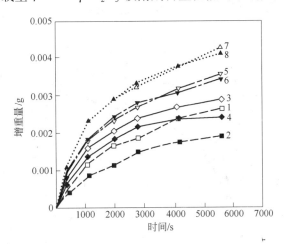

图 6.6 不同 CuO 负载量下 CuO/γ-Al₂O₃ 吸附剂的循环脱硫过程

1—第一次脱硫 0.03CuAl；2—第二次脱硫 0.03CuAl；3—第一次脱硫 0.05CuAl；4—第二次脱硫 0.05CuAl；
5—第一次脱硫 0.07CuAl；6—第二次脱硫 0.07CuAl；7—第一次脱硫 0.10CuAl；8—第二次脱硫 0.10CuAl

温度和再生温度分别为 350℃和 400℃。从图 6.6 中可以看到随着脱硫时间的增加，增重量也增加。由于 CuO 负载量低于单分子层分散阈值，从图 6.6 曲线 1、3、5、7 可以看出 CuO 负载量对反应速率有显著的影响。因为晶体 CuSO₄ 和 $Al_2(SO_4)_3$ 的还原温度要在 280℃和 600℃以上[179]，对 0.03CuAl、0.05CuAl 吸附剂而言，第一次脱硫增重量要高于第二次脱硫增重量，表明还原过程中 $Al_2(SO_4)_3$ 没有被还原，否则两次增重量应该相同的。然而随着负载量的增加，两次脱硫造成增重量的偏差却越来越小，这可能意味着随着负载量的增加，γ-Al_2O_3 载体参与脱硫反应的程度变小。

在 CuO/γ-Al_2O_3 脱硫反应下，CuO 在载体表面的单层分散既保证了活性组分的有效利用，也有利于反应气体在活性位点上的吸附。已有的研究认为[24]，CuO/γ-Al_2O_3 吸附剂上表面硫酸盐的覆盖度与脱硫活性有依赖关系。当载铜量增高，脱硫时会形成团聚硫酸铜微粒，经多个脱硫、再生循环，可能引起部分铜损失或凝析，进而降低吸附剂的脱硫活性。对载铜量不高的样品，考察其再生性能时，只需考虑表面硫酸盐物种的存在，团聚硫酸盐可以忽略。

为了确定吸附剂脱硫过程中活性组元和载体反应的前后关系，进行了不同温度下的 0.1CuAl 脱硫循环试验。如果生成了 $Al_2(SO_4)_3$，$Al_2(SO_4)_3$ 在 450℃下不能被 H_2 还原，而 CuSO₄ 在同样的条件下能够被 H_2 还原，通过分析天平质量变化可以做出判断。

图 6.7 所示为 0.1CuAl 在不同温度下脱硫和还原的曲线。从图 6.7 中可以看出，脱硫温度为 350℃、还原温度为 400℃时，第一次脱硫曲线与第二次脱硫曲线几乎是重叠的。表明在这个过程中没有发生 γ-Al_2O_3 载体的脱硫过程。当脱硫温度和还原温度都改为 450℃时，第一次脱硫曲线和第二次脱硫曲线之间在大约

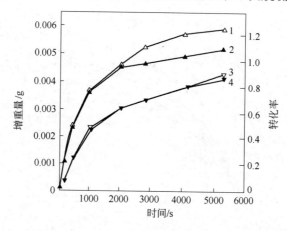

图 6.7 0.1CuAl 吸附剂温度对脱硫循环的影响

1—第一次硫化，脱硫温度 450℃；还原温度 450℃；2—第二次硫化，脱硫温度 450℃；还原温度 450℃；
3—第一次硫化，脱硫温度 350℃；还原温度 400℃；4—第二次硫化，脱硫温度 350℃；还原温度 400℃

2000s 就产生了差别。这是由于第一次脱硫过程中 CuO 与 SO_2 的反应完成后，紧接着又发生了载体 $\gamma\text{-}Al_2O_3$ 与 SO_2 的反应。2000s 处 CuO 的转化率接近 1.0 可以大致说明此时 CuO 恰好反应完毕。由于生成的 $Al_2(SO_4)_3$ 没有被还原，在第二次脱硫过程中，导致载体 $\gamma\text{-}Al_2O_3$ 增重量降低。证实了 0.1CuAl 脱硫过程中将首先发生 CuO 与 SO_2 的反应，然后再发生 $\gamma\text{-}Al_2O_3$ 与 SO_2 的反应的看法是正确的。

早期对 $CuO/\gamma\text{-}Al_2O_3$ 吸附剂脱硫的研究主要集中在活性组元 CuO 与烟气中 SO_2 的反应情况，没有对载体 $\gamma\text{-}Al_2O_3$ 参与反应进行研究。后来 G. Centi 等人采用 IR、热重等分析手段详细研究了 SO_2 在铝基铜催化剂(4.8%（质量分数）CuO)上生成硫酸盐的氧化—吸附机理[26,27]，认为反应的第一步是铜催化 SO_2 的氧化，然后以不同的反应速率、对反应温度有不同依赖性地生成 $CuSO_4$ 和 $Al_2(SO_4)_3$，且认为 $CuO/\gamma\text{-}Al_2O_3$ 上生成两种表面硫酸盐，是按照平行反应模式进行的。SO_2 被化学吸附在晶格氧上，然后与相邻的游离 Cu 位点作用被氧化为化学吸附态的 SO_3^*，化学吸附的 SO_3^* 会进一步与邻近的第二个 Cu 位点反应生成与 Cu 结合的表面硫酸盐，或者通过表面转移到相邻的游离 Al 位点，在界面上生成与 Al 结合的表面硫酸盐 $Al_2(SO_4)_3$，通过 O_2 快速氧化使 Cu 位点得到再生。化学吸附的 SO_3^* 与邻近的 Al 位点能迅速生成硫酸盐，而与 Cu 位点结合生成硫酸盐物种则较慢。在再生过程中与 Cu 结合的硫酸盐更容易被再生，而与 Al 结合的硫酸盐的再生较慢，并且在再生过程后仍有部分保留在样品上。

根据 G. Centi 的观点[26,27]，不管 CuO 的负载量为多少，由于 CuO 与 $\gamma\text{-}Al_2O_3$ 同时参与反应，$\gamma\text{-}Al_2O_3$ 载体反应后生成了 $Al_2(SO_4)_3$，而且反应生成 $Al_2(SO_4)_3$ 的量要比 $CuSO_4$ 的量多，由于 $Al_2(SO_4)_3$ 的还原性能较差，在 600℃ 以下几乎不会被还原，因此同一成分的 $CuO/\gamma\text{-}Al_2O_3$ 吸附剂两次脱硫曲线之间总是应该有差别的。然而本书实验结果表明仅 0.03CuAl、0.05CuAl 两次脱硫曲线之间有差别，且随着 CuO 负载量的增加，两次脱硫增重曲线之间的差别反而变小。因此 $CuO/\gamma\text{-}Al_2O_3$ 吸附剂脱硫反应的机理不会是按照 G. Centi 提出的催化—吸附机理进行。第 5 章的研究可以发现即使没有 O_2 存在时也可以发生 SO_2 的吸附，进一步说明了通过催化的方式来达到吸附 SO_2 的说法是缺乏依据的。$\gamma\text{-}Al_2O_3$ 载体表面有大量的羟基，并不是所有的羟基都会吸附 SO_2，仅活性羟基才能较快地吸附 SO_2。应该认为 $\gamma\text{-}Al_2O_3$ 载体参与脱硫反应的程度是由其表面的活性羟基决定的，因为有资料表明随着活性组分负载量的增加[180]，其表面活性羟基的数量逐渐降低。这会导致 $\gamma\text{-}Al_2O_3$ 载体参与脱硫反应的程度降低，且随着 CuO 负载量的进一步增加，几乎看不出两次脱硫增重曲线的差别。但这并不能说明 $\gamma\text{-}Al_2O_3$ 载体绝对地不参与脱硫反应，因为其他的 O^{2-} 位也能够吸附 SO_2，只不过在 $CuO/\gamma\text{-}Al_2O_3$ 吸附剂脱硫反应的前期阶段，$\gamma\text{-}Al_2O_3$ 载体参与反应的数量可以忽略不计。此时发生脱硫反应，将主要发生活性组元的脱硫，然后再发生载体的脱硫过程。这些看法可以帮助明确 CuO/γ-Al₂O₃ 吸附剂脱硫反应的机理分析，为下一步合理地使用 CuO/γ-Al₂O₃ 吸附剂进行烟气脱硫奠定理论基础。

6.4.4 时间的影响

为了考察反应时间对吸附剂脱硫效果的影响，在其他实验条件不变的情况下延长 0.07CuAl 吸附剂的脱硫时间，试验结果如图 6.8 所示。

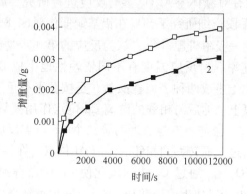

图 6.8 0.07CuAl 吸附剂长时间脱硫对增重量的影响
1—第一次硫化，0.07CuAl；2—第二次硫化，0.07CuAl

从图 6.8 中很明显可以看出，在较短时间脱硫增重曲线没有区别的 0.07CuAl 吸附剂在长时间脱硫后出现了区别，表明长时间脱硫后载体 γ-Al₂O₃ 参与了反应。同时也说明载体参与反应不仅与 CuO 负载量有关，还与反应的时间有关。实验结果表明只有在短时间内脱硫，并且 CuO 负载量大于 0.07CuAl 的情况下，γ-Al₂O₃ 载体才不会参与脱硫反应甚至可以被忽略掉。

根据 G. Centi 的观点[26,27]，由于 CuO 与 γ-Al₂O₃ 同时参与反应，不管 CuO 的负载量为多少，两次长时间脱硫增重曲线应该是没有区别的。而 0.07CuAl 长时间脱硫增重曲线表明事实并非如此。从吸附剂脱硫产物再生的角度来看，还可以发现长时间脱硫会导致吸附剂的再生性能变差，从而降低了负载 CuO 烟气脱硫工艺的优势。因此，尽管长时间脱硫可以达到更多的吸附量，但是在实际应用中还是应该避免。

为了观察 CeO₂/γ-Al₂O₃ 吸附剂长时间脱硫对循环的影响，对 0.03CeAl 吸附剂进行了长时间的脱硫反应，如图 6.9 所示。可以发现 γ-Al₂O₃ 载体参与脱硫反应降低了 CeO₂/γ-Al₂O₃ 吸附剂的第二次脱硫能力，表明 γ-Al₂O₃ 载体参与脱硫反应对 CeO₂/γ-Al₂O₃ 吸附剂的再生是不利的，在实际应用中应该避免载体参与反应的可能性。

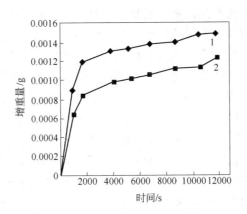

图 6.9　0.03CeAl 吸附剂长时间脱硫对增重量的影响

1—第一次硫化，0.03CeAl；2—第二次硫化，0.03CeAl

6.4.5　循环次数的影响

图 6.10 所示为 0.12CuAl 吸附剂在 350℃ 经历 3 个连续脱硫循环的转化率曲线。吸附饱和后的 0.12CuAl 在 400℃ 下用 5%（体积分数）H_2 还原，可以看到在 3000s 之内，转化率几乎没有什么区别。表明 $CuSO_4$ 能够被彻底还原，在还原性气氛下，其最终还原产物为 Cu，在下一次脱硫过程中，烟气中的 O_2 重新把 Cu 氧化为 CuO，恢复为原 $CuO/\gamma\text{-}Al_2O_3$ 吸附剂的成分，使得脱硫循环能够继续进行下去。

Macken 等人进行了 $CuO/\gamma\text{-}Al_2O_3$ 吸附剂同时脱硫、脱氮及再生的实验研究[181]，NO 转化率超过 90%，SO_2 则转变为 $CuSO_4$，$CuO/\gamma\text{-}Al_2O_3$ 吸附剂循环使用次数达到 750 次，其中 380 次是在较恶劣的条件下实验的。吸附剂的织构和力学性能不受老化的影响，初步预计这种吸附剂能够连续使用 1 年以上。实验室规模下脱硫实验表明，经过 36 次循环后，吸附剂的性能几乎没有变化。CuO/Al_2O_3 吸附剂脱硫后在还原过程中会发生 Cu 粒子的重排过程。王雁考察了 $CuO/\gamma\text{-}Al_2O_3$ 多个脱硫-再生循环对吸附剂性能的影响[153]，对载铜量 10% 的 $CuO/\gamma\text{-}Al_2O_3$ 样品进行了从新制试剂一次脱硫——一次再生——二次脱硫——……六次再生——七次脱硫的多个循环试验结

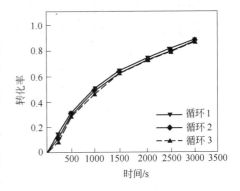

图 6.10　0.12CuAl 脱硫循环次数
对转化率的影响

果进行实验研究。发现新制试剂一次脱硫相对其余的脱硫段具有相对较高的脱硫效率，但从二次脱硫到七次脱硫共 6 个循环中 CuO/γ-Al$_2$O$_3$ 的脱硫效率几乎保持不变，各次再生释放的 SO$_2$ 量也基本相当。这一结果充分肯定了样品完全能经受多个脱硫—再生循环而被重复使用。为了研究新制样品在结构上与再生样品的差异，将一次脱硫的 CuO/γ-Al$_2$O$_3$ 样品进行再生二次脱硫，同时也将直接制备的纯 CuSO$_4$/γ-Al$_2$O$_3$ 样品进行再生脱硫，发现 CuO/γ-Al$_2$O$_3$ 二次脱硫的脱硫活性明显高于纯 CuSO$_4$/γ-Al$_2$O$_3$ 直接再生后脱硫的效果，无论是对纯 CuSO$_4$/γ-Al$_2$O$_3$ 直接进行再生，还是对一次脱硫后的 CuO/γ-Al$_2$O$_3$ 再生，均不能将负载的 CuSO$_4$ 百分百还原成 CuO，始终有部分 CuSO$_4$ 残存于吸附剂上，从而导致一次脱硫和二次脱硫的活性差异，揭示出新制样品在结构上与再生过的样品存在差异，部分活性位点被硫酸盐占据无法再生，导致活性位点数在循环过程中逐渐减少，这是造成吸附剂最终失活的根本原因。

图 6.11 所示为 0.03CeAl 吸附剂在 400℃进行三个连续脱硫循环转化率曲线。吸附剂的再生温度为 500℃。可以发现这三个转化率曲线在 3000s 以前几乎没有什么差别，这说明生成的硫酸铈能够被彻底还原。3000s 以后，出现较小的差别，这是由于发生 γ-Al$_2$O$_3$ 载体参与反应生成的 Al$_2$(SO$_4$)$_3$ 没有被还原的结果。在不考虑载体参与脱硫的情况下，CeO$_2$/γ-Al$_2$O$_3$ 吸附剂是可再生的。通过控制脱硫时间可以降低载体参与脱硫的可能性。Ce$_2$(SO$_4$)$_3$ 在还原过程中最终形成 Ce$_2$O$_3$，在下一次脱硫过程中再被氧化重新得到 CeO$_2$。但也有人认为是形成非化学计量的 CeO$_{2-x}$(0≤x≤0.5)化合物[182]。在下一次脱硫过程中，这些非化学计量的氧化物重新被氧化为 CeO$_2$，恢复到 CeO$_2$/γ-Al$_2$O$_3$ 吸附剂原来的状态。

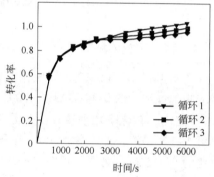

图 6.11　0.03CeAl 吸附剂的脱硫循环

7 研究展望

随着经济的快速发展，我国的能源消耗将持续增长，作为我国主要能源——煤的消耗也将不断增长。能源结构分析表明，煤炭占我国能源总量的75%以上，而且我国煤炭的消耗量正在以平均11%的速率逐年递增，预计到2050年，我国以煤为主的能源结构将不会改变。煤炭燃烧产生大量低浓度SO_2，开展烟气脱硫研究对解决大气污染问题，实现资源节约型、环境友好型的社会发展目标具有重要的意义。

烟气脱硫方法可分为湿法、半干法、干法。湿法脱硫具有反应速度快、脱硫效率高、操作较容易等优点，工艺成熟，市场占有率高，但湿法脱硫产生大量石膏无法处理。半干法是利用烟气显热蒸发石灰浆液中的水分，同时石灰与SO_2反应生成干粉状亚硫酸钙，它兼有湿法和干法的特点，具有工艺简单、维护方便、脱硫效率范围广、适应性强等优点，但半干法并没有从根本上解决资源的可再生利用问题。干法是用粉状或粒状吸收剂、吸附剂或催化剂除去二氧化硫，优点是流程短、无污水和废酸排出，且净化后烟气温度降低少，利于烟囱排气扩散；缺点是SO_2吸收或吸附速度较慢，使得脱硫效率低，脱硫剂的再生性能差等，而且设备庞大，操作技术要求高。因此，开发研究高效可再生的干法脱硫技术是今后烟气脱硫的一个发展方向。

氧化铜烟气脱硫是一种效率高、可再生的烟气脱硫方法，该方法的最大特点是脱硫的同时能够进行脱氮。本书采用热重法，研究了以CuO、CeO_2为活性组分、$\gamma\text{-}Al_2O_3$为载体的吸附剂烟气脱硫行为，研究发现：

（1）CuO和CeO_2在$\gamma\text{-}Al_2O_3$上分散阈值分别为$0.275g/g$、$0.125g/g$。当CuO和CeO_2负载量小于分散阈值时，以无定型的高度分散状态存在，XRD图谱上没有CuO、CeO_2的衍射峰。相同负载量情况下，采用机械混合法制备的$CuO/\gamma\text{-}Al_2O_3$、$CeO_2/\gamma\text{-}Al_2O_3$吸附剂XRD图谱上能够发现$CuO$、$CeO_2$的衍射峰；当$CuO$和$CeO_2$负载量超过单层负载量后，将会出现微晶状活性组分，$CeO_2$和$CuO$的衍射峰强度随负载量的增加会逐渐增加。当$CuO$负载量在其单层分散阈值以下时，$CuO$与$\gamma\text{-}Al_2O_3$载体存在强烈的相互作用，$CuO$的还原温度升高，当$CuO$负载量超过单层分散阈值时，载体表面以晶粒形式存在的CuO容易被还原，还原温度比纯CuO的还要低一些，与载体存在相互作用的那部分CuO的还原温度与CuO负载量低于单层分散阈值情况下的还原温度相同。$CeO_2/\gamma\text{-}Al_2O_3$吸附剂的 TPR 试验表明 CeO_2 与 γ-Al_2O_3 载体基本没有相互作用。

(2) CuO/γ-Al_2O_3 吸附剂脱硫过程中最佳负载量为 0.12CuAl，远小于其单层分散阈值。当温度超过 500℃ 时，再增加温度不会对 CuO/γ-Al_2O_3 吸附剂脱硫反应速率有显著的影响。当 SO_2 浓度超过 0.9% 时，再增加 SO_2 浓度不会对 CuO/γ-Al_2O_3 吸附剂脱硫反应速率有显著的影响。O_2 会参与活性组分 CuO 的脱硫反应，但在操作条件范围内对脱硫反应速率没有大的影响。CeO_2/γ-Al_2O_3 吸附剂脱硫过程中的最佳负载量为 0.03CeAl，远小于其单层分散阈值。随着温度的升高，脱硫反应速率增加，但反应速率的变化较小。SO_2 浓度对反应速率的影响比较明显，随着 SO_2 浓度的增加，反应速率逐渐增加，但是当 SO_2 浓度超过一定值后，反应速率的增加将变得不明显。水蒸气对活性组分 CeO_2 与 SO_2 的反应基本没有影响，只是在反应后期影响到 γ-Al_2O_3 载体参与脱硫的反应过程。γ-Al_2O_3 对 SO_2 有一定的吸附作用，在 1000s 内吸附较快，以后吸附速率变慢，总的吸附量与 γ-Al_2O_3 加入量相比较小，水蒸气、O_2、SO_2 和温度均对 γ-Al_2O_3 吸附 SO_2 产生影响。同时浸渍 CuO 和 CeO_2 的吸附剂的脱硫性能与单独浸渍 CuO 吸附剂的脱硫性能相同，改变 CuO 和 CeO_2 的浸渍顺序，脱硫性能没有变化。CuO/γ-Al_2O_3 吸附剂的脱硫效果优于 CeO_2/γ-Al_2O_3 吸附剂的脱硫效果。添加 KCl 助剂后 0.06Cu0.06CeAl 吸附剂烟气脱硫增重量略有增加，再加入 K_2SO_4 助剂后增重量反而下降。

(3) CuO/γ-Al_2O_3、CeO_2/γ-Al_2O_3 吸附剂脱硫过程中首先发生 SO_2 的吸附，然后 O_2 填充空余的 O 位，进而形成硫酸盐，反应途径为吸附氧化过程。活性组分 CeO_2 脱硫产物为硫酸盐，Ce 化合价为 +3 价，S 元素为 +6 价。在 100 ~ 300℃、300 ~ 550℃、550 ~ 800℃ 范围内，SO_2 在 0.12CuAl 吸附剂表面的吸附分别为物理吸附、化学吸附、化学脱附；200 ~ 400℃、400 ~ 630℃、630 ~ 800℃ 范围内，SO_2 在 0.03CeAl 吸附剂表面的吸附分别为物理吸附、化学吸附、化学脱附。CuO/γ-Al_2O_3 吸附剂在较短时间脱硫后比表面积变小，但较长时间脱硫后比表面积变大，这是由于 γ-Al_2O_3 载体吸附 SO_2 后失去吸附水造成的。Langmuir 吸附动力学模型可以很好地描述 0.12CuAl 吸附剂脱硫过程中 CuO 与 SO_2 的反应和 0.03CeAl 与 SO_2 的反应，吸附活化能 E 分别为 19.98kJ/mol、13.52kJ/mol。指前因子 A 分别为 $9.97 \times 10^{-5} s^{-1} \cdot Pa^{-1}$、$7.65 \times 10^{-5} s^{-1} \cdot Pa^{-1}$。

(4) 在吸附剂脱硫产物再生过程中，随着 H_2 浓度的增加，吸附剂脱硫产物的还原速率也增加，吸附剂脱硫产物的还原时间缩短，但总体上 H_2 浓度对 CeO_2/γ-Al_2O_3 和 CuO/γ-Al_2O_3 吸附剂脱硫产物还原的影响不是很显著。随着温度的增加，吸附剂脱硫产物还原速率增加，但还原失重量没有变化。当 CuO 负载量大于 0.07CuAl 时，两次脱硫过程前期阶段基本上没有差别，CuO/γ-Al_2O_3 吸附剂脱硫前期过程中，主要发生 CuO 的脱硫反应，此时载体参与脱硫的过程可以忽略。长时间的脱硫可增加 SO_2 的吸附量，但会导致 $CuO/\gamma-Al_2O_3$、$CeO_2/\gamma-Al_2O_3$ 吸附剂的可再生性能变差。0.07CuAl 和 0.03CeAl 吸附剂的脱硫循环试验表明在 3000s 之内，吸附剂脱硫产物能够被完全还原，0.07CuAl 脱硫性能要优于 0.03CeAl。

在上述研究内容完成过程中，作者深刻地体会到，科学研究是一个不断地接近事物真相的过程。由于受研究时间和个人能力的限制，有些问题研究得还不是很透彻。作者根据这一时期的体会，本着尊重事实的原则，将研究过程中发现的问题以及下一步的努力方向归纳出来，与读者共享。

（1）作者对 $CuO/\gamma-Al_2O_3$、$CeO_2/\gamma-Al_2O_3$ 吸附剂活性组分的存在状态及分散阈值的研究是基于密置单层模型的基础上，但 $CuO/\gamma-Al_2O_3$、$CeO_2/\gamma-Al_2O_3$ 吸附剂活性组分负载量影响的实验结果表明，活性组分更接近点状和单分子层岛状模型。活性组分在载体表面的分布状态有多种模型，如密置单层排列模型、嵌入模型、对称模型、点状和单分子层岛状模型、固-固润湿模型、一维链状模型、低聚体模型、二维外延单层模型等，由于缺乏直接的证据，作者没有对这一部分进行深入展开研究，而仍旧按密置单层模型来研究 $CuO/\gamma-Al_2O_3$、$CeO_2/\gamma-Al_2O_3$ 吸附剂烟气脱硫的问题，包括动力学部分。活性组分 CuO 和 CeO_2 在 $\gamma-Al_2O_3$ 载体表面的存在状态还需要进一步研究。

（2）氧化铜、氧化铈烟气脱硫过程中有 O_2 参与反应，O_2 在吸附剂上的存在形态是什么样的，是作为吸附氧参与反应还是进入表面缺位作为晶格氧参与反应，这是很难区别的。SO_2 以怎样的形式参与吸附反应等，这些对研究确定 $CuO/\gamma-Al_2O_3$、$CeO_2/\gamma-Al_2O_3$ 吸附剂烟气脱硫的反应机理是至关重要的。作者认为 $CuO/\gamma-Al_2O_3$、$CeO_2/\gamma-Al_2O_3$ 吸附剂烟气脱硫机理是吸附—氧化而不是催化—吸附，是依据一些间接证据支撑的。由于金属氧化物本身就具有催化的能力，如何证明 $CuO/\gamma-Al_2O_3$、$CeO_2/\gamma-Al_2O_3$ 吸附剂在吸附 SO_2、O_2 过程中发生催化过程或者不发生催化过程还需要做进一步的研究。

（3）$CuO/\gamma-Al_2O_3$、$CeO_2/\gamma-Al_2O_3$ 吸附剂烟气脱硫过程中的吸附可分为均匀吸附和不均匀吸附，本书采用均匀吸附（即 Langmuir）。严格意义上讲，固体吸附剂表面都是不均匀的，固体结晶不可避免地存在着缺陷、畸变。加上固体中经常有多种化学组分（包括杂质）共存，这决定了表面结构和表面能量分布的不均匀性，不均匀吸附起主要作用，如何用不均匀吸附方式研究 $CuO/\gamma-Al_2O_3$、$CeO_2/\gamma-Al_2O_3$ 吸附剂烟气脱硫动力学还需要进一步研究，或者在均匀吸附的基础上通过增加修正系数的方式也是一种很好的处理方法。另外，氧化铜、氧化铈烟气脱硫是一个单层吸附的过程，从微观的角度不易描述吸附剂的性质与脱硫活性的关系。由于气体分子与固体表面的碰撞本身是一个带有随机性的统计过程，可以尝试用分子动力学方法模拟氧化铜、氧化铈烟气脱硫的吸附过程。

　　（4）在进行基础研究的同时，要注重负载氧化铜、氧化铈烟气脱硫反应工程方面的研究。负载氧化铜、氧化铈烟气脱硫研究的最终目的是为了将该方法实现产业化，转变成真正解决实际问题的技术。从这个意义上来说，进行所希望的烟气脱硫反应是目的，工艺流程和设备则是实现这一目的的手段。负载氧化铜、氧化铈烟气脱硫的技术开发和工艺改进，首先要以研究反应体系的动力学作为必要的前提。从工程的角度进行研究的动力学是一种宏观动力学，它主要研究传递过程在内的宏观动力学特性。具体来讲，将 $CuO/\gamma\text{-}Al_2O_3$、$CeO_2/\gamma\text{-}Al_2O_3$ 吸附剂加工成工业化粒度的吸附剂时，需要研究固体物料的孔隙率、反应速度与温度、固相转化率、气相反应物浓度、脱硫产物的再生和外部传质条件的定量关系；研究固体物料反应性能和结构的关系，最佳反应条件和气固反应时的非等温行为等。研究这些宏观的动力学特性时，需要知道物料的孔隙结构参数，某些参数的获取是有一定困难的。本书的动力学部分研究的不是工业化粒度的吸附剂，而是粒度为 0.02～0.05mm 的粉末状吸附剂，而且没有考虑反应体系内、外扩散的影响。负载氧化铜、氧化铈烟气脱硫还需要在一定的反应器内进行。反应流体在反应器内的流动和混合状态十分复杂，反应器内不仅存在浓度和温度分布，而且还存在流速分布。反应器内流体在不同的温度和浓度下进行反应，会造成反应流体的微团具有不同的停留时间及不同停留时间的微团之间的混合。为合理地对反应器进行设计，就必须掌握气体流动的一些特性参数，确立能定量描述的模型。因此，还需要在反应工程方面开展更加深入的研究。

　　总之，烟气脱硫技术的推广应用是一项系统工程，在加强烟气脱硫技术研究的同时，也要关注实际情况。具体的脱硫工程项目，应根据当地的资源和自然条件状况，经充分的论证后选用适宜的技术。应尽量选择资源可综合利用的技术，如脱硫产物可回收、脱硫剂可再生的技术，可同时脱硫、脱氮的技术以及相关的新技术。同时，积极争取国家对烟气脱硫技术国产化的支持，包括税收、电力调度等方面的优惠政策，促进烟气脱硫产业的快速良性发展。

参 考 文 献

[1] 赵彩婷，任一艳．二氧化硫（SO_2）治理方法探讨[J]．广州化工，2012，40（12）：60~62.

[2] 曾贤刚，倪宏宏，陈果．我国工业 SO_2 排放趋势及影响元素分析[J]．中国环境保护工业，2009，（10）：19~23.

[3] 邵中兴，李洪建．我国燃煤 SO_2 污染现状及控制对策[J]．山西化工，2011，31（1）：46~49.

[4] 国发〔2012〕40号，节能减排"十二五"规划．

[5] 李喜，李俊．烟气脱硫技术研究进展[J]．化学工业与工程，2006，23（4）：351~355.

[6] 孟军磊，李永光．烟气脱硫技术的应用与进展[J]．上海电力学院学报，2009，25（6）：593~598.

[7] 傅国光，徐长香．资源回收型湿式氨法烟气脱硫技术[J]．中国环保产业，2010（9）：29~34.

[8] 宋华，王雪芹，赵贤俊，等．湿法烟气脱硫技术研究现状及进展[J]．化学工业与工程，2009，26（5）：454~458.

[9] 袁莉莉．半干法烟气脱硫技术研究进展[J]．山东化工，2009，38（8）：19~25.

[10] 谭鑫，钟儒刚，甄岩，等．钙法烟气脱硫技术研究进展[J]．化工环保．2003，23（6）：322~328.

[11] 毛本将，丁伯南．电子束烟气脱硫技术及工业应用[J]．环境保护，2004（9）：15~18.

[12] 陈颖，李慧，李金莲，等．氨法烟气脱硫脱硝一体化工艺的研究进展[J]．化工科技，2010，18（2）：65~69.

[13] DENG S G，LIN Y S. Sulfur dioxide sorption properties and thermal stability of hydrophobic zeolites[J]. Ind. Eng. Chem. Res. , 1995, 34(11):4063~4070.

[14] 莱特 W. 大气污染物分析[M]. 程俊人译．北京：科学出版社，1978：188~190.

[15] 胡大为．烟气中还原 SO_2 到单质硫的催化剂[J]．化学通报，2002（2）：90~95.

[16] 彭峰，陈水辉，叶代启．烟气直接还原脱硫催化剂研究[J]．复旦学报，2003，42（3）：435，436.

[17] 南京化学工业公司研究院《硫酸工业》编辑部．低浓度二氧化硫烟气脱硫[M]．上海：上海科学技术出版社，1981：200~230.

[18] CENGIZ P，ABBASIAN J，SLIMANE R B, et al. Regenerable copper-based sorbents for high temperature flue gas desulfurization[C]. Proc. 25th International Conference on Coal Utilization & Fuel Systems, Florida：2000, 605~606.

[19] 王雁，郑楚光．$CuO/\gamma\text{-}Al_2O_3$ 烟气联合脱硫脱氮技术研究进展[J]．环境污染治理技术与设备，2002，3（11）：55~60.

[20] MCCREA D H，FORNEY A J，MYERS J G. Recovery of sulfur from flue gases using a copper oxide absorbent. [J]. Journal of the Air Pollution Control Association, 1970, 20(12)：819~824.

[21] BOURGEOIS S V J, GROVES F R J, WEHE A H. Analysis of fixed bed sorption: flue gas desulfurization[J]. AIChE Journal, 1974, 20(1): 94~103.

[22] LIN Y S, DENG S G. Removal of trace sulfur dioxide from stream by regenerative sorption processes[J]. Seperation Purification Technology, 1998, 13(1): 65~77.

[23] YATES J G, BEST R J. Kinetics of the reaction between sulfur dioxide, oxygen, and cupric oxide in a tubular, packed bed reactor[J]. Industrial & Engineering Chemistry Process Design and Development, 1976, 15(2): 239~243.

[24] KIEL J H A, PRINS W, SWAAIJ W P M. Modelling of non-catalytic reactions in a gas-solid trickle flow reactor: dry, regenerative flue gas desulphurization using a silica-supported copper oxide sorbent[J]. Chem. Eng. Sci., 1992, 47(17/18): 4271~4286.

[25] KIEL J H A, PRINS W, SWAAIJ W P M. Performance of silica-supported copper oxide sorbents for SO_x/NO_x-removal from flue gas. I. Sulphur dioxide absorption and regeneration kinetics[J]. Appl. Catal. B: Environ., 1992, 1(1): 13~39.

[26] CENTI G, PASSARINI N, PERATHONER S, et al. Combined $DeSO_x/DeNO_x$ reactions on a copper on alumina sorbent-catalyst. 1. Mechanism of SO_2 oxidation-adsorption [J]. Ind. Eng. Chem. Res., 1992, 31(8): 1947~1955.

[27] CENTI G, PASSARINI N, BRAMBILLA G, et al. Simultaneous removal of SO_2/NO_x from flue gases. Sorbent/catalyst design and performances[J]. Chem. Eng. Sci., 1990, 45(8): 2679~2686.

[28] WAQIF M, SAUR O, LAVALLEY J C, et al. Nature and mechanism of formation of sulfate species on copper/alumina sorbent-catalysts for SO_2 removal[J]. The Journal of Physical Chemistry, 1991, 95(10): 4051~4058.

[29] 赵璧英, 张玉芬, 段连运, 等. 乙烯在$CuO/\gamma-Al_2O_3$上吸附性能的研究[J]. 催化学报, 1982, 3(2): 101~108.

[30] FRIEDMAN R M, FREEMAN J J, LYTLE F W. Characterization of Cu/Al_2O_3 catalysts[J]. J. Catal, 1978, 55: 10~28.

[31] YEH J T, DEMSKI R J, STRAKEY J P, et al. Absorption and regeneration kinetics employing supported copper oxide [C]. 1982 Summer National Meeting of the AIChE, August 29 ~ September 1, 1982, Cleveland, Ohio.

[32] DEBERRY D W, SLADEK K J. Rates of reaction of SO_2 with metal oxides [J]. Can. J. Chem. Eng, 1971, 49: 781~785.

[33] BREAULT R. W, LITKA T. Update on performance tests from the COBRA process, a combined SO_2 and NO_x removal system[C]. The Proceedings of the 24th International Technical Conference on Coal Utilization & Fuel Systems, Florida, USA, March 8~11, 1999: 669~680.

[34] HARRIOTT P, MARKUSSEN J M. Kinetics of sorbent regeneration in the copper oxide process for flue gas cleanup[J]. Ind. Eng. Chem. Res., 1992, 31(1): 373~379.

[35] 沈德树, 赵欣, 甘海明. 烟气中SO_2/NO_x同时吸收催化脱除的研究[J]. 环境科学, 1994, 15(5): 40~42.

[36] 杨国华, 郑琼姣. 流化床CuO烟气脱硫试验研究[J]. 环境工程, 1995, 13(5):

19~23.

[37] 王雁, 张超, 郑瑛, 郑楚光. CuO/γ-Al₂O₃ 干法烟气脱硫[J]. 燃烧科学与技术, 2004, 10(6): 535~538.

[38] 王雁, 张超, 郑楚光. 助剂对 CuO/γ-Al₂O₃ 烟气脱硫活性影响的初步研究[J]. 热能动力工程, 2004, 19(6): 572~575.

[39] 贾哲华, 刘振宇, 赵有华. CuO/Al₂O₃ 脱除 SO₂ 的固定床模型研究[J]. 化学反应工程与工艺, 2007, 23(3): 200~206.

[40] 游小清, 王雁, 郑楚光, 等. CuO/γ-Al₂O₃ 吸收 SO₂ 动力学模型实验研究[J]. 华中科技大学学报 (自然科学版), 2003, 31(2): 45~47.

[41] 刘守军, 刘振宇, 朱珍平, 等. 高活性炭载金属脱硫剂的制备与筛选[J]. 煤炭转化, 2000, 23(2): 53~58.

[42] 刘守军, 刘振宇, 朱珍平, 等. CuO/AC 脱除烟气中 SO₂ 机理的初步研究[J]. 煤炭转化, 2000, 23(2): 67~71.

[43] 谢国勇, 刘振宇, 刘有智, 等. CuO/γ-Al₂O₃ 脱除烟气中 SO₂ 的研究[J]. 燃料化学学报, 2003, 31(5): 385~389.

[44] 阮桂色, 冯先进, 宫为民. 负载型金属氧化物烟气脱硫剂的研究[J]. 矿冶, 2000, 9(1): 99~102.

[45] LONGO J M, CULL N L. Process for the Desulfurization of Flue Gas: US, 4001375 [P]. 1976.

[46] YU Y F, KUMMER J T. A study of high temperature treated supported metal oxide catalysts [J]. J. Catal., 1977, 46: 388~401.

[47] HEDGES S W, YEH J T. Kinetics of sulfur dioxide uptake on supported cerium oxide sorbents [J]. Environ. Prog., 1992, 11(2): 98~103.

[48] 张黎明, 齐晓周, 秦永宁, 等. 稀土氧化物在烟气脱硫过程中的应用研究进展[J]. 环境科学进展, 1998, 6(5): 75~81.

[49] AKYURTLU J F, AKYURTLU A. Behavior of ceria-copper oxide sorbents under sulfation conditions[J]. Chem. Eng. Sci., 1999, 54: 2991~2997.

[50] WEY M Y, LU C Y, TSENG H H, et al. The utilization of catalyst sorbent in scrubbing acid gases from incineration flue gas[J]. Journal of the Air & Waste Management Association, 2002, 52(4): 449~458.

[51] LIU W, SAROFIM A F, FLYTZANI-STEPHANOPOULOS M. Reduction of sulfur dioxide by carbon monoxide to elemental sulfur over composite oxide catalysts[J]. Appl. Catal. B: Environ., 1994, 4: 167~186.

[52] LIU W, MARIA F, YING Y, et al. Redox activity of nonstoichiometric cerium oxide-based nanocrystalline catalysts[J]. J. Catal., 1995, 157: 42~50.

[53] 陈英, 王乐夫, 李雪辉, 等. 将二氧化硫直接还原为元素硫的研究进展[J]. 天然气化工, 2003, 8(1): 21~25.

[54] ZHU T L, KUNDAKOVIC L, et al. Redox chemistry over CeO₂ based catalysts SO₂ reduction by CO or CH₄[J]. Catalysis today, 1999(50): 381~397.

[55] MARIA F S, ZHU T L, LI Y. Ceria-based catalysts for the recovery of elemental sulfur from SO_2-laden gas streams [J]. Catalysis Today, 2000, 62: 145~158.

[56] 贾佩云, 钱晓良, 刘石明, 等. 烟气还原脱硫催化剂的研究进展[J]. 湖北化工, 2001 (6): 11~13.

[57] 马新灵, 邓德兵, 向军, 等. 燃煤电厂烟气脱硫研究进展[J]. 华中电力, 2002, 15 (6): 69~72.

[58] 张世超. 稀土氧化物与二氧化硫气固相反应研究[D]. 北京: 中国科学院化工冶金研究 所, 1993.

[59] 张世超, 刘葆俊, 李洪钟, 等. 稀土氧化物与二氧化硫反应的热力学研究[J]. 稀土, 1997, 18(3): 18~22.

[60] 朱仁发, 李承烈. FCC 再生烟气的吸附助剂研究进展[J]. 化工进展, 2000, 3: 22~29.

[61] 温斌, 何鸣元. 流化催化裂化中 $DeSO_x$ 催化剂的研究[J]. 环境化学, 2000, 19(3): 197~203.

[62] 贾立山, 秦永宁, 马智, 等. 类水滑石复合氧化物在烟道气催化脱 SO_2、脱 NO_x 方面的 研究进展[J]. 化学通报, 2003, (7): 435~440.

[63] 黄仲涛, 林维明, 庞先燊, 等. 工业催化剂设计与开发[M]. 广州: 华南理工大学出版 社, 1991: 65~75.

[64] 郭秋宁. 活性氧化铝的性质、制备及应用[J]. 广西化工, 1996, 4(25): 31~34.

[65] 朱洪法. 催化剂载体制备及应用技术[M]. 北京: 石油工业出版社, 2002.

[66] 唐国旗, 张春富, 孙长山, 等. 活性氧化铝载体的研究进展[J]. 化工进展, 2011, 30 (8): 1756~1765.

[67] 张李锋, 石悠, 赵斌元, 等. γ-Al_2O_3 载体研究进展[J]. 材料导报, 2007, 21(2): 67~ 71.

[68] 姚楠, 熊国兴, 盛世善, 等. 溶胶凝胶法制备中孔分布集中的氧化铝催化材料[J]. 燃 料化学学报, 2001(29): 80~82.

[69] 蔡卫权, 李会泉, 张懿. H_2O_2 沉淀铝酸钠溶液法制备大孔容纳米 γ-Al_2O_3 纤维粒子[J]. 化工学报, 2004, 55(12): 1976~1981.

[70] 时培甲, 刘西仲, 袁胜华, 等. SiO_2 载体对 Cu/SiO_2 催化剂的影响[J]. 当代化工, 2013, 42(1): 18~20.

[71] 段涛, 彭同江. 介孔 SiO_2 材料的研究进展[J]. 中国非金属矿工业导刊, 2005(6): 8~ 12.

[72] 李丽娜. TiO_2 载体制备及其在加氢脱硫中的应用[J]. 精细石油化工进展, 2011, 12(3): 30~34.

[73] 施岩, 王海彦, 王莉, 等. 高比表面纳米 TiO_2 载体的液相合成方法[J]. 化学与黏合, 2005, 27(5): 303~307.

[74] 庄玉兰, 林骐, 安志强. TiO_2 载体的应用研究进展[J]. 天津化工, 2006, 20(6): 12~ 14.

[75] 李茂, 杨玲, 李建军. 煤基活性炭的制备研究进展[J]. 四川化工, 2013, 16(1): 31~ 33.

[76] 张月，李家护，阎维平，等. 活性炭和活性炭纤维烟气脱硫技术[J]. 锅炉制造，2003（3）：17～19.

[77] 赵丽媛，吕剑明，李庆利，等. 活性炭制备及应用研究进展[J]. 科学技术与工程，2008，8（11）：2914～2919.

[78] MILLAR G J, ROCHESTER C H, WAUGH K C. Infrared study of CO adsorption on reduced and oxidized silica-supported copper catalysts[J]. J. Chem. Soc. Faraday Trans. Ñ, 1991, 87（9）：1467～1472.

[79] 张睿. 干法炭基烟气脱硫技术现状及前景[J]. 化学工程师，2010（10）：34～37.

[80] WACHS I E, CHEN Y, JEHNG J. Molecular structure and reactivity of the Group Ⅴ metal oxides[J]. Catal. Today., 2003, 78：13～24.

[81] 江德恩，赵璧英，谢有畅. K_2CO_3/γ-Al_2O_3 对 SO_2 吸附性能的研究[J]. 高等学校化学学报，2001，22（10）：1741～1743.

[82] XIE Y C, TANG Y Q. Monolayer dispersion of oxides and salts into surfaces of supports：Applications to Heterogenous Catalysis[J]. Adv. Catal., 1990, 37：1～43.

[83] 李彬. 氨复合吸附剂的制备研究——氯化钙在载体上的单层分散研究[D]. 成都：四川大学，2007，5.

[84] 唐有棋，谢有畅，桂琳琳. 氧化物和盐类在载体表面的自发单层分散及其应用[J]. 自然科学进展，1994，6（4）：642～652.

[85] 于小丰. 若干以二氧化钛为载体的氧化物单层分散体系研究[D]，北京：北京大学，2001.

[86] 赵建宏，宋成盈，王留成. 催化剂的结构与分子设计[M]. 北京：中国工人出版社，1998：1～50.

[87] SCHEITHAUER M, KNOZINGER H, VANNICE M A. Raman spectra of La_2O_3 dispersed on γ-Al_2O_3[J]. J. Catal., 1998, 178：701～705.

[88] GAO Y, ZHAO H B, ZHAO B Y. Monolayer dispersion of oxide additives on SnO_2 and their promoting effects on thermal stability of SnO_2 ultrafine particles[J]. J. Mat. Sci., 2000, 35：917～923.

[89] 郭晓红，李亚男，周广栋. 负载型 Co_2Cr 氧化物催化剂上 CO_2 氧化乙烷脱氢制乙烯反应的研究[J]. 分子催化，2005，19（6）：457～461.

[90] 董林，陈懿. 离子型化合物与氧化物载体表面相互作用的研究——"嵌入模型"及其应用[J]. 无机化学学报，2000，16（2）：250～260.

[91] CHEN K D, DONG L, YAN Q J, et al. Dispersion of Fe_2O_3 supported on metal oxides studied by Mossbauer spectroscopy and XRD[J]. J. Chem. Soc. Faraday Trans., 1997, 93（12）：2203～2206.

[92] XU B, DONG L, CHEN Y. Influence of CuO loading dispersion and reduction behavior of CuO/TiO_2（anatase）system[J]. J. Chem. Soc. Faraday Trans., 1998, 94（13）：1905～1909.

[93] XU B, DONG L, FAN Y, et al. A study on the dispersion of NiO and/or WO_3 on anatase[J]. J. Catal., 2000, 193：88～95.

[94] HU Y H, DONG L, WANG J, et al. Activities of supported copper oxide catalysts in the NO + CO reaction at low temperatures[J]. J. Mol. Catal. A: chem. , 2000, 162: 307~316.

[95] 何杰, 范以宁, 邱金恒, 等. Nb_2O_5/TiO_2 催化剂表面铌氧物种的分散状态和催化性能 [J]. 化学学报, 2004, 62(14): 1311~1317.

[96] 梅长松, 钟顺和, 肖秀芬. Cu/V_2O_5-$2TiO_2$ 的结构、光吸收性能与催化反应性能研究. [J] 功能材料, 2005, 36(2): 256~259.

[97] 胡波, 臧雅茹, 汪跃发, 等. 金属氧化物在 γ-Al_2O_3 上单层分散的表面对称模型[J]. 催化学报, 1996, 17 (6): 517~521.

[98] BOURIKAS K, FOUNTZOULA Ch, KORDULIS Ch. Monolayer transition metal supported on titania catalysts for the selective catalytic reduction of NO by NH_3[J]. Appl. Catal. B. , 2004, 52: 145~153.

[99] KORDULIS Ch, LAPPAS A A, FOUNTZOULA Ch, et al. NiW/γ-Al_2O_3 catalysts prepared by modified equilibrium deposition filtration (MEDF) and non-dry impregnation (NDI): characterization and catalytic activity evaluation for the production of low sulfur gasoline in a HDS pilot plant[J]. Appl. Catal. A: General. , 2001, 209: 85~95.

[100] BOURIKAS K, HIEMSTRA T, RIEMSDIJK W H V. Ion pair formation and primary charging behavior of titanium oxide (anatase and rutile) [J]. Langmuir, 2001, 17: 749~756.

[101] AFANASIEV P. On the metastability of "monolayer coverage" in the MoO_3/ZrO_2 dispersions [J]. Materials chemistry and physics, 1997, 47: 231~238.

[102] TRIFIRO F. The chemistry of oxidation catalysts based on mixed oxides[J]. Catal. Today. , 1998, 41: 21~35.

[103] 杨玉霞, 徐贤伦. 载体改性对负载氧化铜催化剂催化性能的影响[J]. 现代化工, 2006, 26(1): 32~35.

[104] TAGLAUER E, OZINGER H Kn, UNTHER S G. Microprobe applications for the characterization of catalyst systems[J]. Nuclear Instruments and Methods in Physics Research B, 1999, 158: 638~646.

[105] 梁健, 黄惠忠, 谢有畅. 共沉淀法制备 ZrO_2/Al_2O_3 纳米复合氧化物的物相表征[J]. 物理化学学报, 2003, 19(1): 30~34.

[106] INUMARU K, MISONO M, OKUHARA T. Structure and catalysis of vanadium oxide overlayers on oxide supports[J]. Appl. Catal. A: general. , 1997, 149: 133~149.

[107] 郭汉贤. 应用化工动力学[M]. 北京: 化学工业出版社, 2003.

[108] 朱履冰, 包兴. 表面与界面物理[M]. 天津: 天津大学出版社, 1992.

[109] 谢国勇, 刘振宇, 刘有智, 等. 用 CuO/γ-Al_2O_3 催化剂同时脱除烟气中的 SO_2 和 NO [J]. 催化学报, 2004, 25(1): 33~38.

[110] 郭姗姗, 李春虎, 方光静, 等. 改性方法和助剂 CeO_2 对 CuO/AC 催化剂脱硫性能的影响[J]. 工业催化, 2013(2): 20~26.

[111] 邓德兵, 马新灵. CuO/Al_2O_3 烟气脱硫技术及脱硫剂的研究进展[J]. 电力环境保护, 2002, 18(3): 46~51.

[112] 李秋荣, 郑海武, 白明华. 三种脱硫剂的脱硫反应的热力学分析及机理研究[J]. 燕山

大学学报，2007，31(2)：142~147.

[113] 赵清森，孙路石，向军，等. CuO/γ-Al$_2$O$_3$ 和 CuO-CeO$_2$-Na$_2$O/γ-Al$_2$O$_3$ 催化吸附剂的脱硝性能[J]. 中国电机工程学报，2008，28(8)：52~57.

[114] 向军，赵清森，石金明，等. 应用 X 射线衍射仪分析铝基氧化铜吸附剂的脱硫性能[J]. 动力工程，2006，26(5)：726~729.

[115] 杨南如. 无机非金属材料测试方法[M]. 武汉：武汉工业大学出版社，1994.

[116] CHUNG F H. Quantitative interpretation of X-ray diffraction patterns of mixtures. Ⅰ. Matrix-flushing method for quantitative multicomponent analysis [J]. J. Appl. Cryst., 1974，7：519~525.

[117] 储刚. 含非晶相样品的 X 射线衍射无标定量相分析方法[J]. 物理学报，1995，44(10)：1679~1682.

[118] 沈春玉，储刚. X 射线衍射定量相分析新方法[J]. 分析测试学报，2003，22(6)：80~83.

[119] 苗春省. X 射线定量相分析方法及应用[M]. 北京：地质出版社，1988.

[120] 刘纯玉，刘朝霞. 活性氧化铝及其发展[J]. 轻金属，2001(4)：24~25.

[121] 卢宏宇. 活性氧化铝的制备及其比表面积影响因素的分析[J]. 铝镁通讯，2006(2)：26~27.

[122] 张永刚，闫裴. 活性氧化铝载体的孔结构[J]. 工业催化，2000，8(6)：14~18.

[123] 张世超，谭杰，魏建森，等. 单分子层复合微粉研究[J]. 复合材料学报，1997，14(3)：45~48.

[124] 李作骏. 多相催化反应动力学基础[M]. 北京：北京大学出版社，1990.

[125] 德尔蒙 B. 催化剂的制备 Ⅱ 制备非均相催化剂的科学基础[M]. 李大东译. 北京：化学工业出版社，1988.

[126] STROHMEIER B R，LEYDEN D E，FIELD R S，et al. Surface spectroscopic characterization of Cu/Al$_2$O$_3$ catalysts[J]. Journal of Catalysis，1985，94：514~530.

[127] BOND G C，NAMIJO S N，WAKEMAN J S. Thermal analysis of catalyst precursors. Part 2. Influence of support and metal precursor on the reducibility of copper catalysts [J]. J. Mol. Catal.，1991，64：305.

[128] SHYU J Z，WEBER W H，GANDHI H S. Surface characterization of alumina-supported ceria [J]. J. Phys. Chem.，1988，92：4964~4970.

[129] 蒋晓原，周仁贤，陈平，等. CeO$_2$-CuO/γ-Al$_2$O$_3$ 催化剂上 CO 氧化及氧物种脱附与恢复行为的研究[J]. 环境化学，1997，16(5)：418~422.

[130] PECHIMUTHU N A，PANT K K，DHINGRA S C，et al. Characterization and Activity of K，CeO$_2$，and Mn Promoted Ni/Al$_2$O$_3$ Catalysts for Carbon Dioxide Reforming of Methane [J]. Ind. Eng. Chem. Res.，2006，45(22)：7435~7443.

[131] 边平凤，钟依均，罗孟飞. CeO$_2$ 对 CuO/γ-Al$_2$O$_3$，CuO/α-Al$_2$O$_3$ 催化剂原性能和 CO 氧化活性的影响[J]. 浙江师大学报（自然科学版），1998，21(2)：30~33.

[132] 李卫清，王慧，刘国杰，等. CeO$_2$ 对 CuO/γ-Al$_2$O$_3$ 分散及烟气脱硫性能的影响[J]. 上海大学学报（自然科学版），2010，16(3)：297~301.

[133] 塞克利 J, 埃文斯 J W, 索恩 H Y. 气-固反应[M]. 胡道和译. 北京: 中国建筑工业出版社, 1988.

[134] 热重分析 [EB/OL] http: //baike. baidu. com/view/929531. htm.

[135] 胡松, 孙学信, 熊友辉, 等. 小波分析在热重实验数据处理中的应用[J]. 化工学报, 2002, 53(12): 1276~1280.

[136] 许文博. 小波去噪方法分析与研究[C]. 四川省通信学会 2011 年学术年会论文集, 2011, 197~200.

[137] 孙延奎. 小波分析及其应用[M]. 北京: 机械工业出版社, 2005.

[138] 董小刚, 秦喜文. 信号消噪的小波处理方法及其应用[J]. 吉林师范大学学报 (自然科学版), 2003, 2: 13~16.

[139] 井文才, 李强, 任莉, 等. 小波变换在白光干涉数据处理中的应用[J]. 光电子激光, 2005, 16(2): 195~198.

[140] 林克正, 李殿璞. 基于小波变换的去噪方法[J]. 哈尔滨工程大学学报, 2000, 21(4): 21~25.

[141] 葛庆仁. 气固反应动力学[M]. 北京: 原子能出版社, 1991: 1~50.

[142] 张舟. 分子筛中吸附和表面扩散的多尺度模型化研究[D]. 北京: 北京化工大学, 2009.

[143] 郭向云, 钟炳, 彭少逸. 表面扩散的 Monte Carlo 初探[J]. 分子催化, 1996, 10(1): 1~5.

[144] 沈巧珍, 杜建明. 冶金传输原理[M]. 北京: 冶金工业出版社, 2006.

[145] 尚建宇, 王松岭, 王春波. SO_2 气体在微孔 CaO 脱硫剂颗粒内的 Knudsen 扩散[J]. 热能动力工程, 2009, 24(3): 382~385.

[146] S W NAM, G R GAVALAS. Adsorption and oxidative adsorption of sulfur dioxide on γ-alumina [J]. Appl. Catal, 1989, 55: 193~213.

[147] W. Sjoerd KIJSTRA, Monty BIERVLIET, Eduard K. POELS, et al. Deactivation by SO_2 of MnO_x/Al_2O_3 catalysts used for the selective catalytic reduction of NO with NH_3 at low temperatures[J]. Appl. Catal. B: Envir. 1998, 16: 327~337.

[148] Chang C C. Infrared studies of SO_2 on γ-Al_2O_3[J]. J. Catal. 1978, 53: 374~385.

[149] DOW W P, WANG Y P, HUANG T J. Yttria-stabilized zirconia supported copper oxide catalyst[J]. J. Catal. , 1996, 160: 155~170.

[150] XIE G Y, LIU Z Y, ZHU Z P, et al. Reductive regeneration of sulfated CuO/Al_2O_3 catalyst-sorbent in ammonia[J]. Applied Catalysis B: Environmental. 2003, 45: 213~221.

[151] 胡玉海, 高健, 王军, 等. $CuO/CeO_2/γ-Al_2O_3$ 催化剂表面相互作用及 $DeNO_x$ 活性[J]. 高等学校化学学报, 2001, 22(10): 1735~1737.

[152] CENTI G, PASSARINI N, PERATHONER S, et al. Combined $deSO_x/deNO_x$ reactions on a copper on alumina sorbent-catalyst. 2. Kinetics of the $deSO_x$ reaction[J]. Industrial & Engineering Chemistry Research, 1992, 31(8): 1956~1963.

[153] 王雁. $CuO/γ-Al_2O_3$ 干法烟气脱硫研究[D]. 武汉: 华中科技大学, 2005.

[154] JEONG S M, KIM S D. Enhancement of the SO_2 sorption capacity of $CuO/γ-Al_2O_3$ sorbent by

an alkali-salt promoter[J]. Ind. Eng. Chem. Res. 1997, 36: 5425~5431.

[155] 卢冠忠, 汪仁. 氧化铈在非贵金属氧化物催化剂中的作用——Ⅰ. 铜和铈负载型氧化物中的氧的性能[J]. 催化学报, 1991, 12(2): 83~89.

[156] KARTHEUSER B, HODNETT B K, RIVA A, et al. Temperature-programmed reduction and X-ray photoelectron spectroscopy of copper oxide on alumina following exposure to sulfur dioxide and oxygen[J]. Ind. Eng. Chem. Res, 1991, 30: 2105~2113.

[157] 格雷格 S J, 辛 K S W. 吸附、比表面与孔隙率[M]. 高敬琼译. 北京: 化学工业出版社, 1989: 3, 4.

[158] 何余生, 李忠, 奚红霞, 等. 气固吸附等温线的研究进展[J]. 离子交换与吸附, 2004, 20(4): 376~384.

[159] YOO K S, JEONG S M, KIM S D, et al. Regeneration of sulfated alumina support in CuO/γ-Al_2O_3 sorbent by hydrogen[J]. Ind. Eng. Chem. Res., 1996, 35: 1543~1547.

[160] 清山哲郎. 金属氧化物及其催化作用[M]. 黄敏明译. 合肥: 中国科学技术大学出版社, 1991: 118~120.

[161] ZHANG F, WANG P, KOBERSTEIN J, et al. Cerium oxidation state in ceria nanoparticles studied with X-ray photoelectron spectroscopy and absorption near edge spectroscopy[J]. Sur. Sci., 2004, 563: 74~82.

[162] 张世超, 魏建森, 潘敏子, 等. 单分子层二氧化铈硫化反应产物的研究[J]. 环境保护, 1997(7): 30~31.

[163] KASAOKA S, SAKATA Y, TONG C. Kinetic evaluation of the reactivity of various coal chars for gasification with carbon dioxide in comparison with steam[J]. Int. Chem. Eng., 1985, 25: 160~165.

[164] 莫鼎成. 冶金动力学[M]. 长沙: 中南工业大学出版社, 1987.

[165] 孙康. 宏观反应动力学及其解析方法[M]. 北京: 冶金工业出版社, 1998: 108~125.

[166] LI Y X, GUO H X, LI Ch H, et al. A study on the apparent kinetics of H_2S removal using a ZnO-MnO desulfurizer[J]. Ind. Eng. Chem. Res., 1997, 36: 3982~3987.

[167] BHATIA S K, PERLMUTTER D D. A random pore model for fluid-solid reactions Ⅱ: diffusion and transport effects[J]. AIChE. Journal, 1980, 27(2): 247~254.

[168] WON S, SOHN H Y. Kinetics of the reaction between hydrogen sulfide and lime paricles[J]. Metallurgical Transactions. B, 1985, 16B: 163~168.

[169] PARK J Y, LEVENSPIEL O. The crackling core model for the reaction of solid particles[J]. Chem. Eng. Sci., 1975, 30: 1207~1214.

[170] VOGEL R F, MITCHELL B R, MASSOTH F E. Reactivity of SO_2 with supported metal oxide-alumina sorbents[J]. Environ. Sci & Technol., 1974, 8(5): 432~436.

[171] CENT G, PERATHONER S. Role of the size and texture properties of copper-on-alumina pellets during the simultaneous removal of SO_2 and NO_x from flue gas[J]. Ind. Eng. Chem. Res., 1997, 36: 2945~2953.

[172] YEH J T, DRUMMOND C J, JOUBERT J I. Process simulation of the fluidized-Bed copper oxide process sulfation reaction[J]. Envir. Prog. 1987, 6(2): 44~50.

［173］ 刘国杰. CuO-CeO$_2$/Al$_2$O$_3$ 烟气脱硫动力学研究［D］. 上海：上海大学，2009.

［174］ 高正中. 实用催化［M］. 北京：化学工业出版社，1996.

［175］ 张广营. CuO/Al$_2$O$_3$ 催化剂和再生行为研究［D］. 北京：北京化工大学，2010.

［176］ MACKEN C, HODNETT B K. Reductive regeneration of sulfated CuO/Al$_2$O$_3$ catalyst-sorbents in hydrogen, methane, and steam［J］. Industrial & Engineering Chemistry Research, 1998, 37(7): 2611~2617.

［177］ LIU Q Y, LIU Z Y, WU W Z. Effect of V$_2$O$_5$ additive on simultaneous SO$_2$ and NO removal from flue gas over a monolithic cordierite based CuO/Al$_2$O$_3$ catalyst［J］. Catalysis today, 2009, 1475: S285~S289.

［178］ HABASHI F., MIKHAIL S A. Reduction of sulfate mixtures containing CuSO$_4$ by H$_2$［J］. Can. J. Chem., 1976, 54: 3651~3657.

［179］ HABASHI F, MIKHAIL S A, VO VAN K. Reduction of sulfates by hydrogen［J］. Can. J. Chem., 1976, 54: 3646~3650.

［180］ KORNER R., RICKEN M, NOLTING J. Phase transformation in reduced ceria: determination by thermal expansion measurements［J］. J. Solid State Chem., 1989, 78: 136~141.

［181］ MACKEN C, HODNETT B K, PAPARATTO G. Testing of the CuO/Al$_2$O$_3$ catalyst-sorbent in extend operation for the simultaneous removal of NO$_x$ and SO$_2$ from flue gas［J］. Ind. Eng. Chem. Res. 2000, 39: 3868~3874.

［182］ KIJLSTRA W S, BIERVLIET M, POELS E K, et al. Deactivation by SO$_2$ of MnO$_x$/Al$_2$O$_3$ catalysts used for the selective catalytic reduction of NO with NH$_3$ at low temperatures［J］. Appl. Catal B: Environ., 1998, 16: 327~332.